U0305659

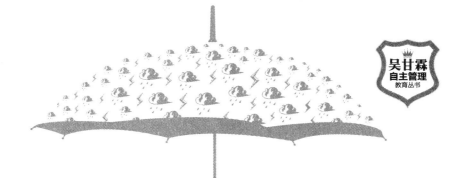

吴甘霖
自主管理
教育丛书

吴甘霖
著

孩子，你该如何自我保护

方法学家给孩子的安全管理秘籍

HAIZI, NI GAI RUHE ZIWO BAOHU
FANGFAXUEJIA GEI HAIZI DE ANQUAN GUANLI MIJI

接力出版社
Publishing House

图书在版编目（CIP）数据

孩子，你该如何自我保护：方法学家给孩子的安全管理秘籍/吴甘霖著；— 南宁：接力出版社，2016.9
（吴甘霖自主管理教育丛书）
ISBN 978-7-5448-4540-3

Ⅰ.①孩…　Ⅱ.①吴…　Ⅲ.①安全教育－儿童读物
Ⅳ.①X956-49

中国版本图书馆CIP数据核字（2016）第210018号

责任编辑：袁怡黄　朱丽丽　　美术编辑：张　凯
责任校对：刘会乔　　责任监印：刘　冬　　营销主理：段立诚
出版发行：接力出版社　　社址：广西南宁市园湖南路9号　　邮编：530022
电话：010-65546561（发行部）　　传真：010-65545210（发行部）
http://www.jielibj.com　　E-mail：jieli@jielibook.com
经销：新华书店　　印制：北京明月印务有限责任公司
开本：880毫米×1250毫米　1/32　　印张：8.375　　字数：145千字
版次：2016年9月第1版　　印次：2017年3月第2次印刷
印数：60 001—70 000册　　定价：25.00元

❧ 目　录 ❧

序言：学当自己的好卫士……………………………………………1

❧ 第一章　别人保护很重要，自我保护倍牢靠 ❧

一、珍惜人生，尽早学会自我保护

1. 关键时刻，求天求地不如求自己………………………………3
2. 风险未必在天边，可能就在你身边……………………………8
3. 事后悔千回，不如事前学一回…………………………………11

二、好好负责：你应学会自我保护

1. 当命运的主人：要走正路，不要走邪路………………………16
2. 当环境的主人：第一时间防备所有危险………………………20
3. 当关系的主人：善于交朋友，慎重交朋友……………………23
4. 当心灵的主人："天堂地狱一念间"……………………………25

三、多多自信，你能学会自我保护

1. 没事别惹事，有事不怕事………………………………………29
2. "敢"字当先，一切皆有可能……………………………………31

3. 冷静面对，一切皆有可能…………………………36

4. 坚持到底，一切皆有可能…………………………38

四、更新观念，更好学会自我保护

1. 胜负重要，生命更重要…………………………41

2. 要"见义勇为"，更要"见义智为"………………43

3. 要做诚实的孩子，但对坏人例外…………………47

4. 自我保护，并不等于独自承担……………………50

第二章　有效自我保护的四大法则

一、问题没出现，擦亮眼睛防风险

1. 期望危险远离自己，不如自己远离危险……………57

2. 害人之心不可有，防人之心不可无………………61

3. 警惕玩耍出灾祸……………………………………64

4. 警惕玩笑出灾祸……………………………………66

5. 警惕冲动出灾祸……………………………………69

二、问题已出现，开动脑筋想方法

1. 要勇敢，更要有方法………………………………72

2. 想方法，就能有方法………………………………76

3. 即使已经犯错，也可冷静纠错……………………79

三、自己难解决，伸出双手求帮助

1. 去除顾虑，勇于求助………………………………83

2. 当机立断，及时求助………………………………86

3. 聪明睿智，巧妙求助………………………………88

4. 了解和营造帮助系统，危困时刻更好求助…………90

四、已经受伤害，理性面对创未来

1. 与其忍气吞声，不如理性抗争……………………… 94

2. 不要轻易离家出走……………………………………… 97

3. 不要以极端方式证明自己的正确与无辜……………… 100

4. 不要从受害者变成伤害者……………………………… 102

第三章　自我保护的十种主要方法

一、 如何对付校园暴力与社会暴力

1. 主动不被动，避免成为"被宰的羔羊"………………… 110

2. 实力不够时，以退为进………………………………… 114

3. 猝不及防时，这样抵挡………………………………… 116

4. 提防矛盾在瞬间升级并动用凶器……………………… 118

二、 如何对付偷盗

1. 别让小偷"盯上"你，要让自己学会识小偷…………… 121

2. 不让小偷有下手的机会，让小偷下手也白搭………… 124

3. 格外警惕"慌忙出错"与"漫不经心"………………… 127

三、 如何对付诈骗

1. 骗子最会利用贪念与好心，别被各种好听的话忽悠… 131

2. 骗子总是善于伪装，别被骗子的形象迷惑…………… 136

3. 骗子常常"步步为营"，不要越陷越深………………… 139

四、 如何对付敲诈

1. 不要轻易成为那个好捏的"柿子"……………………… 143

2. 撕开各种敲诈的假面具………………………………… 147

3. 从"要么……要么……"的思维圈套中解脱出来……………153

五、如何对付抢劫

1. 小心风险在不经意时降临…………………………………158

2. 警惕坏蛋"声东击西"………………………………………162

3. 对手太强时，可"示弱"和"舍小保大"……………………165

4. 先想办法脱离控制，再想办法制服歹徒……………………168

六、如何对付绑架

1. 保持警惕　避免绑架………………………………………170

2. 放弃哭闹　避免撕票………………………………………174

3. 全力周旋　机智逃脱………………………………………178

七、如何对付意外伤害

1. 避免交通意外伤害…………………………………………183

2. 避免无情的水、火伤害……………………………………188

3. 避免可怕的雷、电伤害……………………………………195

4. 在地震时如何智慧求生……………………………………200

八、如何对付网瘾

1. 别把自己真实的人生，葬送在虚拟的世界里………………204

2. 不怕有网瘾，就怕不回头…………………………………209

3. 戒除网瘾的三大方法………………………………………215

九、如何对付毒品

1. 一沾毒品，就等于开启"自毁模式"………………………223

2. 不被"魔鬼的理由"拉下水 ⋯⋯⋯⋯⋯⋯⋯⋯⋯⋯⋯⋯⋯ 225

3. 战胜毒瘾的两大关键 ⋯⋯⋯⋯⋯⋯⋯⋯⋯⋯⋯⋯⋯⋯⋯ 234

十、如何热爱生命避免自杀

1. 不要"把问题看得太复杂，把后果看得太简单" ⋯⋯⋯⋯⋯ 240

2. 不要急、慢一点 ⋯⋯⋯⋯⋯⋯⋯⋯⋯⋯⋯⋯⋯⋯⋯⋯⋯ 244

3. 提高抗压能力，挫折不是世界末日 ⋯⋯⋯⋯⋯⋯⋯⋯⋯⋯ 248

序言：学当自己的好卫士

对千万青少年而言，安全问题实际上是比成绩与成长更重要的问题，因为失去了安全，其他的一切就失去了基础，因此越来越得到学校、家庭和社会各界重视。

甚至在 2016 年的两会期间，时任教育部长的袁贵仁还明确提出"如果你们问，教育部现在最大的压力是什么，我告诉你们，就是（学生的）安全问题"。

毫无疑问，要提高青少年的安全系数，除了各界要加强安全条件、措施的改善外，让孩子们学会自我保护，也是至关重要的。本书就是这样一本提供各种做法和方法，让大家学会自我保护的作品。

这本书的产生，既是因为有自身体验有感而发，也是响应众多家长、老师与孩子们的呼唤。

我也是一个孩子的爸爸。当我的儿子吴牧天出生时，我出于对孩子一生幸福的考虑，提出一个"五维教育，全面发展"的教育理念来对他进行培养：安全教育、自立教育、做人教育、智慧教育、知识教育。安全教育放到了第一位。后来，我儿子遭遇了一次十分恐怖的绑架，但他机智地逃脱了。此外，和许多孩子一样，他也遇到过其他如不良诱惑、交通、财务风险等多方面的问题，他都能恰当地处理。对此，他非常感慨地说，幸亏自己从小就接受安全教育和自我管理教育，让他能避免危险，转危为安。

上述的教育理念，对他起到了很好的引导作用。他把不少亲身经历写到青少年的成长励志畅销书《管好自己就能飞》中，受到了普遍欢迎。而我在举办有关讲座和写作如何培养吴牧天的书《孩子自觉我省心》时，也强调如何让孩子学会自我保护。

这时候，不少听过我讲座和看过上述两本书的老师、家长纷纷表示，给孩子提供多种保护固然重要，但是让孩子学会自我保护，从某个角度讲更重要。他们反映：我们不能随时陪伴在孩子身边，也不能管孩子一辈子，如果有关于孩子如何自我保护的好书，我们非常愿意让孩子认真学习。而一些孩子反映：我们也希望读到自我保护的书，但希望这样的书既好看又管用。

于是，我写了这本书，并格外注意采取青少年喜闻乐见的方式，突出三个特点。

第一，看得进。

这体现在既不高高在上，也能用生动的故事吸引人上。本书不是简单而干巴巴的安全条款，而是精选100多个鲜活的案例,首先把孩子们吸引住。这在以往的安全教育读本中是少见的。

第二，记得住。

不讲空话套话,而是用精炼且有真知灼见的语言来交流。如"事后悔千回,不如事前学一回","要'见义勇为',更要'见义智为'"等。

第三，用得上。

与孩子们遇到的真实问题情境密切挂钩,并提供各种有效方法。如对许多孩子既痛恨又不得不面对的校园暴力,就要从如何躲避到真正出现时用什么措施去应对,都有管用的方案。

本书共分三个部分。其中第三章"自我保护的十种主要方法",包括了如何对付校园暴力与社会暴力,如何对付偷盗、诈骗、敲诈、抢劫、绑架、意外伤害、网瘾、毒品,以及如何避免自杀等在现实中较为主要的方面,希望真正能起到"学了就能用,用了就有效"的作用。

值得指出的是:解决青少年的安全问题,绝非掌握有关方法就够了,更关键的,是要全面培养孩子对自身安全负责的意识与素养。为此,本书的前两章实际上就极为重要:

第一章　别人保护很重要，自我保护倍牢靠

这是让孩子们不要把自己的安全全部寄托于外界,更要重视自我保护的重要性。只有他们明确了这份重要性,才会真正愿意学习有关方法。

一句话,让孩子不要全由别人当卫士而要主动当自己的好卫士。

第二章　有效自我保护的四大法则

从"问题没出现""问题已出现""自己难解决""已经受伤害"等四个方面，将遇到的风险问题进行系统处理。

"读一本书，保一生平安。"这是一些家长和老师，还有孩子对我写这本书时的期望，我不敢说此书能达到这一要求，但通过上述三方面训练，既有原动力的培养，又有对安全每个环节的应对措施，还有具体方法，应该能让青少年读者掌握自我保护的主要环节，更好地成为不让人操心或少让人操心的孩子。

这是接力出版社在出版"贝尔写给你的荒野求生少年生存百科系列"之后，再次推出的一本安全教育著作。我希望这本书与中国的现实和孩子们面临的问题紧密联系，成为接力出版社"生存教育"系列中又一本有价值的作品。

新的学期又要开始了，两年前的开学季，包括中央电视台在内的众多媒体，曾报道多名女大学生在上学途中被人绑架甚至杀害的新闻。今年秋季开学前，又传来徐玉玉等学生因为电信诈骗导致身亡的报道，触目惊心。减少对青少年的伤害问题，的确迫在眉睫！我们期望社会各界对此一定要采取各种有效措施。我们期望随着青少年自我保护能力的提高，有关安全问题越来越少。

愿每个孩子当自己的好卫士，平安一生！

第一章
别人保护很重要，自我保护倍牢靠

一、珍惜人生，尽早学会自我保护

> 1.关键时刻，求天求地不如求自己
> 2.风险未必在天边，可能就在你身边
> 3.事后悔千回，不如事前学一回

1.关键时刻，求天求地不如求自己

每个人都希望自己生活得平平安安，一帆风顺，没有任何风险发生。作为孩子的你，想必同样有这样的心理。

但是，你不期望，并不意味着它就不会发生。

有一天，在北京工作的我，突然接到一个让我胆战心惊的电话。

在长沙读书的儿子吴牧天告诉我，刚才他被绑架了！

那一瞬间，我的心突然跳到了嗓子眼儿，正要追问怎么回事，接着听到儿子说："不过您别着急，我已经成功地战胜坏蛋了。"

在之后的几分钟内，我了解了儿子刚刚经历的惊险一幕：

当时他在长沙的一所著名学校学习。傍晚，他去大型商场，和同学们购买班级表演的道具，同学们先带着道具回学校了，他则准备搭车回家。

这时，一个高大的青年走过来，笑嘻嘻地叫住他："同学，同学，你好！你是麓山国际学校的吧？"

牧天穿着校服，别人认出也不奇怪。出于礼貌，牧天停下来。那人就向牧天打听一些学校的情况。两人一边走一边对话，到了商场门口。

牧天去搭出租车，但正逢周末，等了近20分钟也没有等到空车。那个人也在一边等车，对牧天说："这个地方很难搭到车啊！我有一次等了1个小时也没有空车。不过我知道前面有条小巷子，穿过去到那边就好搭车了。我准备到那边去等车，你去吗？"

牧天此时归心似箭，加上刮着寒风，很冷，就跟随他去了。

两人走进了小巷，越往里面走越偏僻，到后来甚至看不到一个人了。这时牧天突然警觉起来了，赶紧想回头走。但为时已晚，那个人用一把匕首对着他的腰部，接着恶狠狠地说："老实一点跟我走！不然有你好受的！"

天哪，这不就是电视里看到过的绑架吗？！一个15岁的孩子哪想得到这样的危险竟然真的发生在自己身上！

　　牧天顿时吓得双腿发软，又十分后悔：后悔没有听爸爸妈妈关于注意安全的叮嘱，后悔没有听老师关于安全的教育。之后就不断期望：要是刚才那两个同学没走，就在前面看到自己多好；要是爸爸妈妈在多好；哪怕有一个陌生的人看见，能呼救也好……

　　就在这个时候，他想起了我和他妈妈在对他进行自我管理教育时讲过的一些话。他深吸一口气，强迫自己镇静下来，在心里对自己说："不要期望别人救你，你只能自己救自己了！"

　　于是他佯装乖乖配合，让歹徒放松了警惕。

　　当走出小巷的那一瞬间，他找到了方法：眼前有一个饭馆，里面有不少人在吃饭。正好有服务员端着菜从门口经过。于是，在靠近饭馆的一刹那，牧天猛地一弯腰，箭一样冲进饭馆，将服务员手中的两盘菜打翻在地。但他还嫌不够，见旁边桌子上放着两摞碗碟，又将它们掀翻在地。

　　这样一来，不仅把饭馆里所有人的目光都吸引了过来，而且饭馆工作人员也快跑过来，将这个"破坏分子"围住并抓到后面的经理室。

　　于是，牧天就高高兴兴地被抓进去了。

　　事情就这样朝着牧天希望的方向发展了！饭馆

外面的歹徒一看这样的情况，知道自己不可能再得逞了，于是灰溜溜地走了。

这件事情，给了我儿子很好的启示，让他再一次深深感到了自我管理的价值。后来，他将这个故事写进了颇有影响的青少年成长励志畅销书《管好自己就能飞》中。

在这里，作为爸爸的我，要补充的是：

为什么在关键时刻，他能够如此冷静地想到方法，战胜歹徒。

那一天，我身为父亲，既为他遭遇的惊险一幕而深感后怕，同时也为他能机智勇敢地战胜坏人而骄傲。这时候，牧天又很感慨地说：

"我现在要格外感谢你和妈妈要我学自我管理。在我最慌张的时候，我想起了妈妈说过的话：'不管遇到什么问题，一定要冷静面对。'同时，我眼前更猛然浮现多年以前，您带我去清华大学时给我上的那一课……在关键时刻真的救了我一命呢！"

那么，他讲的"这一课"，又是怎么回事呢？

那是他小学毕业那一年暑假，我带他去清华大学参观。他看到门口有"自强不息，厚德载物"八个字，我告诉他清华大学的这条校训，实际上是孔子注释《易经》的话。

在讲到"自强不息"时，我讲了孔子从小独自奋斗的经历，之后对牧天讲述了这样一段话：

"孩子，尽管你现在还小，但是你要记住：总有一天，你得学会自己去面对。也就是说，也许某一天，在没有人帮助你的情况下，你得学会自己去解决问题。"

牧天告诉我：当他遭遇绑架，周围没有任何人，所有期望都落空的时候，他立即想起了这句话。他向我感慨道："爸爸说得真对，当时就是没有人可以帮我，是我得自己去面对、解决的时候了。"

说来奇怪，正是因为想到了这一点，他才从最初的慌乱和后悔的心情中跳出来，马上变得镇静，脑袋开始飞速旋转，闪过三套方案：

第一，硬拼。不行，自己打不过。

第二，大声呼救。也不行，说不定挨一刀。

第三，跟他一直走下去，要自己去哪里就去哪里，后果不堪设想。

于是，他得出结论：只能一边稳住歹徒，一边想法逃脱。

就这样，他最终找到了解决问题的方法。

听了这个故事，不知你有怎样的感想？

其实，这个故事，充分说明了青少年的安全问题，已经是一个十分重要而且十分紧迫的问题。与此同时，也许你也该得出一个结论：

别人的保护固然很重要，但自我的保护加倍重要。

正如牧天所说，到了某些十分危险的时刻，谁也无法帮助你，这时候，真是求天求地不如求自己啊！

因此，我要把我在接受中央电视台等媒体采访时所讲的一个观点送给你，也送给千万个关心自己平安与成长的青少年：

"别人也许可以提供天空，但无法提供腾飞的翅膀。别人也许可以提供道路，但提供不了奔跑的双腿。你得学会自我负责，自我管理，自我保护，自我成长。"

2. 风险未必在天边，可能就在你身边

如果你认真思考上述我儿子被绑架的事，还会得出一个结论：在当今社会，不安全因素的确是越来越多了。

在大型商场附近，在大街上，而且是在白天，都有人谋划绑架，那么，如果在更偏僻的地方，是不是更有可能出现问题呢？对类似这样的风险，是不是需要我们格外留心和警惕呢？

十分遗憾的是，不少孩子甚至一些家长、老师等，都对这份风险缺乏认识和警惕，或者认为即使有风险，那也应该是发生在别人身上的事，与自己、与自己的亲人关系不大。

风险真的离自己远吗？我们不妨来看两则与手机有关的案例吧！

首先来看厦门市湖里区青少年维权网的一则报道：

13 岁的小真放学后准备回家。走到一个路口时，一名 30 岁上下、看起来很善良老实的男子走上前来，对小真说："小妹妹，你好，我有急事，能不能把你的手机借我用一下？"

小真看了看陌生叔叔，有些犹豫。陌生叔叔又说："我爸爸昨天来厦门玩，刚才不小心出车祸了，现在医院急救呢。我的手机刚好没电了，所以想借你的手机用一下，打电话回家催家人寄些医药费。"说着说着，陌生叔叔眼眶里泛出泪花。

小真看到陌生叔叔焦急的样子，觉得他挺可怜的，就把手机递给他。"谢谢小妹妹。"陌生叔叔说完，不知是怕别人听见他讲话还是出于其他考虑，他拿出一部手机，"我把自己的手机先抵押在你这边，一会儿我就回来。"还特别叮嘱，"一定要保管好，不能乱碰，里面还有很多重要图片呢。"

小真拿了叔叔的手机等了很久，直到她母亲出来找她，小真还未反应过来——原来自己遇到了骗子。

这个故事，给孩子们的教训实在是太大了：这个小女孩和许多小朋友一样，都很善良，而骗子就充分利用了这份善良。他首先编造了一个父亲去世的谎言，赢得小女孩的同情，之后，他又拿一个看起来更值钱的手机作为抵押，解除小女孩的顾虑。如果你不多一个心眼，很容易就会上当。怎么社会这样复杂呀？怎么骗子这样厉害呀？

当然，可能有的小朋友会认为：这只是遇到了坏人，防不胜防，如果自己不与任何人打交道，难道也会有什么风险吗？

不妨再看一看《钱江晚报》上所刊登的这则报道：

台州女孩盈盈，只有10岁，每天低头玩手机。前不久的一天，妈妈叫她过来吃水果，她猛一抬头，就听到很响的咔嗒一声，她的脖子僵在那儿，一动也不能动，颈椎竟然"折"了。

妈妈赶紧带她到医院做检查，拍片后发现盈盈的颈椎第一、二、三椎向前错位，骨伤科主治医师应大夫是一位老医生，评价说："这么严重的颈椎病发生在这么小的孩子身上，这是我从医30多年来头一回碰到。"

仔细一了解为何会出现这种情况，原来是下面这个原因：盈盈在家时一有空就爱拿大人的手机或平板电脑玩，经常一玩就一两个小时，非常着迷，头一直低着，动也不动，于是就导致了这种严重的病症。

手机，应该是当今大家最熟悉的物品了。看完这两则案例，也许大家可以得出这样的结论了：

一方面，社会变得复杂，一些平常的地方，一些看起来可爱或善良的人，如果你缺乏警觉，就有可能让自己受到伤害。

另一方面，即使自己不与人打交道，但是，如果你染上了不好的习惯，也可能给自己造成伤害！

你还觉得风险真的离自己远吗？是不是真的就在你的身边？

实际上，缺乏风险意识，并不意味着风险不存在。而没有这种意识，实际出现风险的概率，就会大大增加。

据青岛有关媒体报道：有机构曾做过一次实验，以若干名学生为对象，当家里只有学生一人在家时进行敲门实验，通过多种借口，比如查煤气表、修理电器、检查供暖设备等，大部分的门都容易被敲开。青少年的警惕性之差由此可见一斑。

提高青少年的风险意识和自我保护能力，实在是迫在眉睫。

3. 事后悔千回，不如事前学一回

偷盗、抢劫、诈骗、绑架、自然灾害、车祸、网瘾、吸毒等等，这些都是容易对青少年造成伤害的问题。如果真的发生了，当事人都会伤心，对自己之前没有做到的地方，往往也后悔莫及。

但是，这些让人后悔的事，有不少都是事前可以避免的。如果能够事先拥有有关安全意识，学到有关方法技巧，就能避免以后犯下不应有的错误。

而更有意思的是，如果你事先下决心去研究和学习自我保护的方法，也许不用花太大的精力和时间，就可以掌握，只要养成好的习惯，就可能在关键时刻派上大用场。

且来看《广州日报》刊登的"7岁男孩打电话报警从歹徒手中救下父母"的新闻：

卡洛斯是洛杉矶的一位7岁小朋友。一天早晨，3名持枪歹徒闯进他们家开着的房门，并威胁说想要什么就拿什么。

3名歹徒拿着枪对着他的父母。卡洛斯则趁着歹徒不注意，机智地拉着6岁的妹妹，顺手拿上电话，悄悄躲进旁边的一个卫生间，然后反锁，接着准确地拨打了911报警电话。

警察及时赶到，歹徒慌忙出逃，全家因此顺利获救！

办案警察麦克斯韦表示：

"如果不是这个7岁男孩勇敢懂事的行为，事件可能以悲剧结束。"

媒体曝光后，这位小男孩被人们称为"小英雄"。

看到这一案例，我们不得不佩服这个小孩的机智勇敢。他有四点非同寻常的地方：

第一，遇到歹徒，不少小朋友都会惊慌失措，或者认为爸爸妈妈都被挟持住了，作为小孩的自己能有什么办法？

小卡洛斯却不同，他不惊慌更不哭闹，而是主动想对付歹徒的办法。他不仅不被动等爸爸妈妈来解决问题，而且还要凭自己的力量帮助爸爸妈妈脱险。

第二，他充分利用歹徒对小孩缺乏警觉的心理，机智地离开最危险的地方，到相对安全的卫生间去，还不忘记把小妹妹一起带走。

第三，他懂得把电话带走，这是许多人也想象不到的。正因为有了电话，他才能有手段与外界，尤其是警察局联系。

第四，他对报警电话十分熟悉，第一时间报警，取得了最理想的效果。

那么，这位小英雄又为什么能做得这样出色呢？

原来，在平时，他的爸爸妈妈就常常对他进行自我保护的教育，每天都教他练习拨打 911 电话，而且经常叮嘱他们，如果在上学路上遇到陌生人逼近时，要躲起来并拨打 911 求救。

在接力出版社举办的《管好自己就能飞》座谈会上，著名家教专家、"知心姐姐"卢勤也高度强调孩子自我管理、自我保护的重要性，并讲述了这样一段亲身经历：

　　在她上中学时，有一次在坐公共汽车时，发现有人拱自己。她猛然想起：妈妈曾经说过，如果在车上有人拱你，那就是坏人，你千万不要看他，看他你就害怕了。你就到售票员跟前那个地方去。

于是，卢勤就没有看这个人，而往售票员那儿走，走到那里时，正好车已到站。她正想下去，没有想到自己的围脖给拽住了，她拽了几下没有拽下来，就又想起妈妈说的人比物重要，就干脆不要了。

下车后她拼命往家跑，不料发现后面跑步声也很急，她想那人一定是跟着自己下来了。这时候她又想起妈妈的话，说放学路上如果有人跟踪你千万不要回家，如果知道你家住哪里会很危险，而应该去人多的地方。于是，她就跑到不远处的首都剧场，终于把这个人甩掉了。

"知心姐姐"卢勤的经历，与前面小卡洛斯的故事，还有我儿子吴牧天的故事，都有一个共同的特点：

他们都是在问题发生前，就已经受到了自我保护的教育，所以才在遇到风险时，转危为安。

此外，还有一点值得指出：孩子自我保护意识的增强和自我保护能力的训练，都是因为有人对他们进行了有关教育，这可能包括家庭、学校以及其他方面的教育。

这充分说明了各方面应采取得力措施让孩子接受自我保护教育的重要，同时也可让孩子们充分认识到：

事后悔千回，不如事前学一回！

学好自我保护，不仅可以让你更好地规避和战胜风险，还可能保护你一生平安！

毫无疑问，广大青少年的安全问题太重要了，需要各方面共同努力。

然而落实到孩子如何保证自己的安全时，有些孩子却总认为，这在根本上是别人的事情：社会要提供好的安全环境，学校要提供好的安全条件，爸爸妈妈和其他亲人更应该为自己的安全操心。

既然有那么多人会给自己提供安全保障，自己有什么必要去重视这个问题呢？

上述想法的确有一定道理，无论是社会、学校，还是家庭，都应该提供必要的安全保障。但是，生命是你的，别人终究无法每时每刻陪伴你。学会自我保护，其实也是你对自己最应尽的责任之一。

二、好好负责：你应学会自我保护

> 1. 当命运的主人：要走正路，不要走邪路
>
> 2. 当环境的主人：第一时间防备所有危险
>
> 3. 当关系的主人：善于交朋友，慎重交朋友
>
> 4. 当心灵的主人："天堂地狱一念间"

1. 当命运的主人：要走正路，不要走邪路

自我保护的第一条，就是你应该在根本上对自己负责。其中最关键的一点，就是要走正路，不要走邪路。

这看似一句普通的话，但在某些时候，如面对诱惑和压力的时候，要做到却不容易。因为这意味着选择，而选择决定命运。

请看《法制周报》一篇关于"14 岁男生为争保送名额用鼠药毒杀两同学"的报道：

14 岁的小勇，是宁夏固原市泾源县一所普通中

学的初三学生。小勇有兄弟姐妹四人，为了小勇，姐姐辍学在家。天天劳累的爸爸再三教育他：一定要好好学习，这样才能"走出大山"，不再过这种贫苦的生活。

他也很争气，成绩一直不错，在这一学期已经进行过的两次模拟考试中，小勇的成绩都在全年级名列前茅。

就在这时，班主任宣布：市教育局发了一个文件，为了激励学生积极进取，会从他们学校初三的四个班学生中保送一名品学兼优的学生到市重点学校去上学。

班主任强调说：机会是留给你们中个别人的，不是给全体同学的，究竟谁能获得被保送上重点高中的机会，将由最后一次模拟考试的成绩决定。

这样的机会，对普通初中来说可能四五年才有一次，实在是太难得了。小勇非常激动，认为这是一个可以改变命运的机会。比起自己去考上重点高中，这个机会可能更容易把握，也更加诱人。

但是他接着就有了苦恼，因为他发现：同班同学陈光（化名）是自己的竞争对手。不仅成绩比自己还要强一点，而且也积极地为这次考试做准备。

在苦恼多日之后，小勇脑中冒出一个想法：自己要稳操胜券，就必须让竞争对手下去。之后，他买来老鼠药，准备让陈光耽误这次考试，自己就能顺利地获得保送名额。

于是在宿舍里，小勇偷偷地把老鼠药放到了陈光的面条里面。

吃了面条的陈光和另一名同学因救治不及时去世了。

最终小勇被判了有期徒刑19年。

这真是一个不应该发生的悲剧。一些老师说，如果不出意外的话，即使不保送，他也可能会考上一所不错的重点高中。可是，因为一念之差走上邪路，害人害己。

记者去采访了在服刑的小勇，他十分后悔并忏悔，说要是时间能倒流的话，怎么也不会那么做。他说：

"我希望和我同龄的莘莘学子，不要步我的后尘，也不要用我这种愚蠢的方法去解决人生中的问题，必须得用正当的方式去做一些自己想做的事情，实现自己的理想。"

这个学生的故事带来的教训真是深刻！但是，像他这样做的青少年可不是个别的，近年来媒体报道了不少学生之间恶性杀人的案件，有的是因为利益驱使或人与人之间的矛盾产生怨恨，如《三联生活周刊》就报道：中国矿业大学学生小冬因为与同学闹矛盾，竟然在对方喝水的杯子里投入了剧毒化学物品。这种极端方式不仅害了别人，也葬送了自己的前途与未来。

每当看到这些孩子走上邪路的故事，我就不由得想起一个人——我的爸爸。他可以告诉我们怎样守住心中的底线，决不走上邪路：

我爸爸很小时，他的父母就已去世。13 岁时，最后一个亲人——他的爷爷也快去世了。但他的爷爷怎么也咽不下气，对我爸爸放心不下，说："我们这儿风俗也不好，做坏事的人很多，有偷东西的，有……"

听到这话，我爸爸往地上一跪，对他的爷爷发誓："我以后坚决不会干坏事！"

虽然我爸爸那时候真的很穷，但真的一辈子没有干过坏事，一直都是做正路上的事。在教育我们时，他常常讲这么一段话：

行善如春园之草，不见其长，日有所增；
行恶如磨刀之石，不见其消，日有所损。

这两句话的意思是：做好事就好像春园中的草，看不出它的成长，其实每天都在成长；做坏事则像磨刀石般，看不出它的磨损，其实每天都有损失。

这两句话，可以送给广大青少年共勉。

2. 当环境的主人：第一时间防备所有危险

所有的风险都与环境有关。

有的地方风险大，有的地方风险小。所以我们要学会判断哪里是风险大的环境，对这些环境中所有看得见或潜在的危险，保持警惕。

一天我们单位开会，谈到了孩子自我保护的问题。一位员工分享了一个刚刚听到的悲剧：

她邻居家的孩子，在学校寄宿，住在三楼。

就在这一天，那孩子竟然坐在没有保护栏杆的阳台上，一边晒太阳一边看手机。

不知道是一时走神，还是受到别人的惊吓，手机掉了下去，他情不自禁去抓手机，于是一下就掉到楼下了，生命垂危。

坐在阳台上，是不是很危险？其实这份危险，孩子应该是知道的。但是，在危险正式露出狰狞面目之前，他却认为是无所谓的。

事实上，忽视环境中危险因素的孩子真不是少数。他们没有想到：当危险真正降临的时候，想躲却已经无法躲了。

既然这样，为什么事先不躲开这些危险的环境，不在这样危险的环境里玩耍或做其他事情呢？

对孩子们而言，有些环境是必须格外警惕的。

如不要在公路和铁路边玩耍、不会游泳就要远离水深的江河湖海、尽量不去人烟稀少的地方和坏人容易出没的地方，独自一人在家时不仅要警惕陌生人，而且还要提防煤气、电等方面的危险……

除此之外，还有一种情况，即环境虽然危险，但你不得不接近。这时候，你最不应该做的，是漫不经心，对危险缺乏感知。

如果那样的话，你也可能受到不应有的伤害。

《千山晚报》报道了这样一个案例：

家住宁远屯的小晶，傍晚5点多在公交站下车后回家。她家距离车站并不远，走路大概需要10分钟。

当时天色已晚，小晶加快了脚步。走了一半路时，突然听到后面一阵急促的脚步声。小晶以为只是路人着急回家，没有留心，直到后面的人用刀架住她的脖子，她才意识到遇到了坏人。

她用余光看到了架在自己脖子上的刀，足有半米多长，两面都有刃。歹徒见她没喊叫，就把刀别在身后，使劲儿把她往附近胡同里拽。

小晶意识到，一旦进了胡同，自己一点儿逃脱机会都没有，于是她开始反抗。几个回合后，歹徒被激怒了，他拿起刀直刺小晶的胸口。眼看着刀就要扎到自己了，小晶双手使劲儿握住了刀。瞬间，鲜血顺着手流了下来。

　　这时，幸好一个骑车的人从此经过。歹徒逃走了，小晶才在别人的帮助下报了警，随后被送到医院。

你发现小晶犯了什么错误吗？就是一个看似简单的错误：她没有留心天色已晚，这条回家的路已不安全。尤其在听到身后一阵急促的脚步声时，她以为"只是路人着急回家，没有留心"。

　　这就是当自己已经身处危险环境时，却对危险没有警觉啊！

　　有一句话叫作"防备你的背后"，这正是在这种情况下最应该记住的事情。

　　有专家指出：在你外出的时候，最好能做到下列几点：

　　（1）先告诉父母自己去哪里，大约何时回来，与谁在一起，联系方法是什么。

　　（2）尽可能结伴而行。

　　（3）单独外出要走灯光明亮的大道，不抄近道走小路。

　　（4）在僻静的马路上，面对车流行走，不背对车流，以免有人停车袭击。

　　（5）夜晚单独外出，要带手电筒、哨子、报警器等物品，万一被袭击，可用手电照射歹徒面部，吹哨求救等。

　　（6）不搭乘陌生人的顺路车。

（7）如怀疑有人跟踪，应试着横过马路，看看那人是否仍跟着你。若该人紧跟不舍，你应跑向附近人多的地方报警求救。

（8）要尽量避免在无人的汽车站等车，这样，你容易成为坏人袭击的目标。

是的，所有的危险都是在环境中发生的。只有在第一时间对环境中的危险有所察觉，才能更好地防备危险，确保平安。

3. 当关系的主人：善于交朋友，慎重交朋友

"人人都希望友谊，不能孤独走上人生旅程。"

这首歌词，说出了人们对友谊的渴求。对青少年而言，希望有好朋友，有好人缘，走到哪儿都能受到欢迎是他们共同的期望。

但是，从另外一个角度看，正因为太在乎朋友，风险也随之而来。

如果不加分析、判别就交朋友，就容易走进误区。

真正能成为好朋友的人，除了互相关心、互相帮助外，还有这样一个很重要的因素：互相给予正能量。

不要滥交朋友，更不要不加辨别和思考，就受"朋友"教唆、诱导，这样，就有可能栽跟头甚至走上犯罪道路。

《法制与新闻》上有这样一则"北京少年网上结帮网下互

殴"的报道：

一天晚上，北京发生50多个青少年互相砍杀的恶性事件。警察出动，两个"网上黑帮"被打掉。警察将他们拘留后才发现这些成员都是10多岁的学生，他们都是通过玩游戏聚集在一起的"社团"。

他们深夜聚众斗殴的起因，只是在网络游戏中发生了纠纷并互相谩骂，最终造成几个"社团"50多名青少年在深夜手持凶器斗殴。

直到警方赶到之后这场群殴才被终止，当时已有不少孩子受伤。

警察将这些孩子带回警局，询问为何参与打架，其中一个男孩小辉这样回答："我要是不去，以后在大家面前就抬不起头了。"

一个网名叫"南城帅帅"的孩子，坦然承认知道打架不好，"但因为大哥叫你是看得起你呀，而且，如果这次你不去，下次自己遇到什么事，大哥和'社团'就不会管你了，自己以前欺负过的人就会把自己弄得很惨的"。

记者问他是否可以把要打架的事先告诉老师，没想到，"南城帅帅"却说："'社团'的事怎么能告诉老师？这是泄密，是叛徒！叛徒的下场也是很惨的。"

就是担心自己不干坏事被孤立，所以才甘愿听人一声令下手拿凶器去打架，这样的"哥们儿义气"真的就如此重要吗？

如果在打架过程中被打残或给别人造成伤亡，必须受到法律制裁，这样的结局，难道是自己能接受的吗？

在调查中，我们不难发现：有一些孩子出现问题甚至走上邪路，往往有两个心理因素：

一是缺乏鉴别力，受到朋友引诱，往往就跟着去干了。如一些吸毒案件，受朋友引诱而走上这条路，之后后悔不已。

二是因为所谓的"哥们儿义气"，害人害己。

在一些孩子的眼中，"哥们儿义气"就像电影里的"英雄气概"，有了困难，哥们儿会拔刀相助，甚至不计一切后果，因此深受青少年追崇。

可是请记住，交朋友不是为了打架，更不是去犯罪。

如果你因为担心被孤立就去做坏事，因为"哥们儿义气"就不顾一切地去"两肋插刀"，为此葬送了自己的青春与人生，是不是风险太大，也太不值得了？

4. 当心灵的主人："天堂地狱一念间"

"我们得守护好自己的心。因为一生的成败苦乐，首先都从心中生出。"

这是一句至理名言。

《东亚经贸新闻》报道的大四学生刺死室友案，其中情节让人觉得管理好自己的内心是何等重要。

　　小维是吉林农业大学学生，因为与同学小研闹矛盾，竟然趁他睡着，用刀把他杀掉了！

　　是什么导致他有这样的深仇大恨呢？且听小维自己的坦白：

　　首先是因为他们同在一间寝室生活，小研晚上睡觉打呼噜，影响了他的休息，两人的矛盾因此而起。后来，一年来都没怎么说过话，但是，他觉得小研老在含沙射影骂自己。

　　"我就是想杀死他，因为这学期开学时他骂过我一次，当时我很生气，但也没和他计较。事发一个星期前，因为玩游戏的事情他又骂我，我性格比较内向，因为他骂我并戏弄我，使我看书学习都没办法安心，睡觉也睡不好，加上小研睡觉打呼噜，让我无法休息，心里就暗下决心，如果他再骂我，我就杀死他，让他永远都开不了口。"

　　那么，触发他下决心杀死室友的事情又是什么呢？

　　"我俩当时都在寝室，他在玩游戏，他在游戏里扮演的角色被游戏里的盗贼杀死了，他就骂，练盗贼的人肯定都有心理疾病。我也是玩这个游戏的，小研也知道我在游戏中扮演的角色是盗贼。我听了这话，就觉得他骂的人是我，我觉得受到了侮辱，我就产生了杀死他的想法。"

看到他这个杀人的借口，是不是让人觉得恐怖？

仅仅因为对方说游戏中的一个角色，就联想到是说自己，这是不是太敏感了？即使是真的借题发挥，骂了人，也只该算是一般冲突了。

可是，大学生小维竟然真的因此杀心大起，买来一把长刀，趁着小研睡着时，把他杀死了！

小维被逮捕后也十分后悔，一念之差，害人害己，悔之晚矣！

真是"天堂地狱一念间"。当不好的念头起来的时候，是不是要赶紧觉知，控制住那些蠢蠢欲动的坏想法呢？

唯有做好心灵的主人，才会做好人生的主人！

三、多多自信，你能学会自我保护

> 1. 没事别惹事，有事不怕事
> 2. "敢"字当先，一切皆有可能
> 3. 冷静面对，一切皆有可能
> 4. 坚持到底，一切皆有可能

　　既然知道自我保护很重要，而且也知道自己应该把自我保护的责任承担起来，那么，我们就赶紧把自我保护的担子担起来吧！

　　但是，不少孩子未必会担这个担子，因为他不自信。

　　这也怪不了大家。因为，一遇到危难，我们通常习惯依赖父母、老师和比自己年龄大的人，希望他们来顶着或直接帮助我们"把事搞定"。假如没有他们，年龄更小、经验不足的我们，能将自己保护好吗？

　　其实，只要你树立足够的自信，就会发现：即使在十分困难的情况下，也要尽可能保证自我安全；只要有足够的信心，一些不可能发生的奇迹也可能发生。

1. 没事别惹事，有事不怕事

这是中国一句非常有名的话，充满了生活的辩证法。

不惹事，就是不无事生非，这是为了不去碰那些可能遭遇不必要风险的事情。从自我保护的角度讲，的确有一定价值。

但是，社会往往很复杂。你不去惹事，不见得坏人就放过你。有时，也许正是因为你的善良与纯洁，反倒让坏人更要伤害你。这真是让人气愤又无法回避的事情。

那么，遇到这种情况，我们气愤害怕有没有用？都没有用。这时候，只有勇敢地面对，想办法去应对，才是我们能做的事情。

我们心中要树立一种信念：

风险来了，坏蛋来了，但我绝不害怕。我可以采取一些机智的措施，让自己获得安全。

哪怕坏蛋看起来比我强，我也要敢于去战胜他。

我们来看看《都市快报》上的一篇报道——《11 岁少女险被色狼侵害　智取歹徒手机成功逃出》：

读小学三年级的小红独自走在回家的路上，周围基本上没有人，突然她被一男子强行拉到他的电动车上。

那男子飞快地骑着车，为防止小红跳车，他一手扶车把，一只手往后拉住小红的胳臂。小红挣扎着，但哪里有办法挣脱？

小红立即意识到自己遇到了坏人，她想起爸爸曾经说过"遇到陌生人要想办法离开，跑到人多的地方喊人"。

于是小红装作很乖，对那个人说："叔叔，我听你的。"那个人以为她害怕自己了，就放松了警惕。

小红镇静地找机会逃跑。在坐车的过程中，她感觉车子的后备箱一颤一颤的，会不会是没有锁好呢？

她一只手背着往后摸索，果然发现后备箱没锁。她趁坏人没有注意，再去摸后备箱里面有什么，结果十分惊喜，居然摸到一部手机！

当车子中途停下来时，小红抓起歹徒的手机跑走了，随即她把手机往反方向摔去，趁歹徒跑去捡手机的空当，小红大喊"救命"，终于得救了。

后来公安局破案了。那个歹徒，从当年3月到5月，短短两个月内，每天下午或中午，就骑着电动车在学校附近转悠。看到独自走路回家的小女孩，就起了歹心，或上前叫住小女孩，编一些借口，或强行绑架，相继有四名小女孩在放学或上学途中被侵犯。

但是，小红却凭着自己的机智，成功逃脱了魔掌。她的经历，让民警也不由得佩服。而这也是这名歹徒唯一一次"失手"。

这位小女孩的做法，就是"有事不怕事"的体现。具体说来，她的做法中有如下几点值得我们借鉴：

（1）突然被绑架，这是小红想象不到的事情。小红有在路途中不够小心、对路况观察不够的教训。但是，被绑架后，她没有像一般孩子一样，遇到这种情况就任凭坏人为非作歹，而是自己想办法逃脱坏人的魔掌。

（2）当发现对手强大、自己弱小时，不是慌忙喊救命，或者与对手对着来，而是装着很配合。这样就有可能避免把歹徒激怒，从而伤害自己，同时也会让歹徒丧失警惕，为自己的逃脱赢得好机会。

（3）积极想办法，变被动为主动。

她在不经意间，发现后备箱中有一部手机。这就找到了对付歹徒的"法宝"。她把手机往远处一丢，歹徒怕失去手机，一时慌神，就来不及去追她了。

这一做法，是"调虎离山计"的体现。最大的效果，是本来只有自己怕，现在却反而让歹徒怕了。

当你让歹徒也有怕的地方，不是变被动为主动了吗？

2."敢"字当先，一切皆有可能

面对风险与问题，你该学会"敢"字当先。

因为越懦弱就越害怕，这不仅无助于解决问题，反倒可能让问题恶化。如果遇到坏人，只是一味懦弱退让，反倒会纵容了歹徒。

中国新闻社曾发表一则新闻——《醉汉夜闯宿舍凌辱12岁女孩　同屋六女生装睡》。为何会出现这样的情况？除了这些孩子缺乏同学之间的责任心外，胆小怕事，也是主要的原因之一。

第一，哪怕对手比自己强大，也敢与他斗一斗。

与上述例子形成鲜明对比，我们且看几个少年如何战胜三个年龄比自己大的坏蛋。

这是《海南经济报》刊登的一篇报道——《同学遭劫，两少年急中生智把抢匪"骗"进派出所》：

> 孙某是海南某高中的高一学生。一天晚上7点半时，他经过一家网吧门口，突然有三个男子殴打了他，竟还把他的手机和他身上仅有的5元钱抢走了。
>
> 正好有两个同学路过，想帮他，可是对方都比他们强壮，自己力量太小了，经过商讨，两个同学决定把敌人引开分别对付。
>
> 于是，两个学生上前说："几位大哥别生气，有事好商量，我们请你们吃饭。"
>
> 三个男子一听很高兴，没多想就答应了邀请。

他们约好到一个当地较有名的饭店去，但走过去不太方便，他们便对其中两个男子说：

"两位大哥先坐'摩的'走，剩下的一位大哥和我们坐三轮车去吧。"

三个男子没多想就答应了。

他们怎么也不会想到，几个学生这样的安排是故意要分开他们。当三轮车经过一派出所附近时，三名同学一起把那个男子抓住送到了派出所。

随后，其他两名嫌疑人也被抓获。

看到这样的结局，你是不是既觉得痛快，又对这几个孩子十分佩服？

那么，他们又给大家提供了什么经验呢？

（1）责任心赛黄金。

当代青少年最需要但同时又特别缺少的是责任心，不单单要对自己负责，也要对别人负责。与前面的几个女孩面对歹徒侵害都不吱声形成鲜明对比的是，这两个少年遇到同学受到侵害，不是置身事外，而是挺身而出，这是十分了不起的。

（2）"敢"字当先，勇气超凡。

遇到上面的情况，一般的孩子会觉得：人家都是大人，我们只是孩子，无论如何也斗不过他们的，还是自认倒霉算了。可是这几个学生却没有胆怯，而是迎难而上。

（3）机智＋勇敢＝成功。

他们不是蛮干，而是想出机智的办法，在对手人多且实力超过自己的情况下，想办法把他们分开，创造自己超过对手的局部优势，各个击破，最终取得成功。

看到他们能这样取得成功，你是不是也开始学会"敢"字当先了呢？

第二，哪怕别人都不敢，我自己也敢。

这就是这几个孩子与一般人不一样的地方，不是因为别人都不敢，自己也就畏惧了，而是有足够的勇气和正气，该做的就去做，该抗争的就抗争。

在一些伤害案件中，我们会发现有不少是因为当时人们胆子太小，顾虑太多导致的。值得注意的是，遇到同样的问题，一些人脱险或转危为安，就是在别人都不敢的时候，他们有敢于面对、敢于斗争的勇气。

遭遇性侵害，是近年来发生在青少年身上的重要问题之一。令人发指的是，有些伤害孩子的人，还来自教师这个让孩子们敬爱的群体。

我在《中国青年报》当记者时，曾采访过一宗老师对初中女学生进行性侵害的案件。这位老师常借帮助学生辅导功课之名，把女学生叫到自己的宿舍，猥亵、诱奸、强奸女学生。

先后有五个女学生受害。后来该案件暴露，警察向她们了解情况。她们开始大多不愿意说，之后说出自己之所以受害，在相当程度上是害怕这个老师对自己惩罚，如即使自己考得好，他也把成绩分打得很低。其中有两个女孩，就是因为老师这样惩罚自己，再去找老师交涉，老师威逼利诱，最后强暴了她们。

但是，有个名叫方方的女孩，却没有上当。她是怎样做的呢？

方方是从外校转过来的，长得非常漂亮。刚到这个班上，就发现这个老师对自己特别关照。先是经常表扬自己，后来又说对她有更多期望，让她放学后到他房间单独谈心或辅导作业。但在这个过程中，这个老师有一些奇怪的举动，开始时只是摸摸她的头发，拍拍她的肩膀，后来就故作亲昵地抚摸她的背部，有时还说一些轻浮的话。

方方开始时也没有太在意，但后来发现老师越来越放肆了，终于有一天，老师的"爪子"摸到她的胸部。她就立即不客气地警告老师不要这样。老师威胁她："我知道你爸爸特别在乎你的学习成绩，我把你的成绩写得很低，看他揍不揍你。"

方方说："你敢这样做，我就去告诉校长与教务主任。看你还能当这个老师吗？"之后，趁着老师发呆的瞬间，打开门就跑出去了。回到家里，她就将这一情况告诉了爸爸。她爸爸立即向教育局领导汇报，一查，这个老师以往的斑斑劣迹就暴露了。

在采访过程中，我问过方方这样一个问题："为什么别的同学不敢，你就敢呢？"

她回答说："我不管别人敢不敢，只要我觉得不合理，我就不会任人欺凌。"

我再问她："一般孩子不敢告老师，认为老师是被尊敬的人，你为什么敢告呢？"

她答："好人一旦做坏事，就不是好人了。老师应该是受人尊敬的，但是他如果做坏事，就失去被尊敬的资格了。我有什么可畏惧的呢？"

这样的理念和勇气，是不是也能让你受到激励，凡事可以"敢"字当先呢？

3. 冷静面对，一切皆有可能

不少时候，你之所以缺乏信心，是因为事情发生时，你过于慌张忙乱，大脑根本没有发挥应有的作用。

相反，假如此刻能让头脑冷静下来，反倒有可能去战胜风险，想出好的对策来。

小学生倩倩放学回家，快到自己家门口时，她发现有两个人站在门前，像是要撬门。她本来想大叫，但她逼自己冷静下来，假装没看见，到楼上的同学家去了。

之后，她立即给居委会打了电话，让他们想办法先封锁单元门。接着又向派出所报了警，说清了自己家的楼号、单元号、门牌号。

不一会儿，警察叔叔和居委会的人都到了，把小偷抓了起来。

看了这个案例，我们不能不佩服这位小学生。

一般的孩子，遇到有陌生人鬼鬼祟祟在自家门口，可能就会直接质问"你们干什么？"或干脆大喊"抓贼"，但是，这个孩子却机警地跑到楼上向有关方面报警，最终将小偷抓获。

对此，我不由得想起一个精彩的观点："永远保持冷静的头脑和热忱的心。"

这句话的意思是：我们一方面要保持一颗热忱的心，也就是说，对有些事情，我们不能冷漠，要有激情去做，这是负责的表现，也是把事情做好的动力。

但是，心热并不见得头脑也要发热。遇到问题，尤其是有风险的问题，绝对需要冷静处理。只有冷静，才不会盲动出错；只有冷静，才能找到理想的解决方法。

冷静的头脑与热忱的心结合，才是既全面也辩证的科学态度。

4. 坚持到底，一切皆有可能

遇到困境，人们会想法去解决，但是如果迟迟解决不了，有些人就灰心、绝望，最后放弃努力了。

但是，假如他抱着坚定的信念，百折不挠，只要有一线生机，就不放弃努力，也许就能创造"不可能"的奇迹。

一个少女被歹徒关押在地窖中 9 个月，但是，她最终凭着自己的坚持，采取一个极妙的方法，逃出了地窖。这是《广州日报》上刊登的一则报道：

在武汉市青山区某村，19 岁的女孩周某晚上离家出去，没想到遇到了人生中最惊险的事。当她经过一个叫曾祥宝的人的家门口时，被曾祥宝绑架，并被关到他家的地窖中。

厄运折磨着周某，她在地窖中忍受着煎熬。在暗无天日的环境中，要是一般人可能就"认命"了，有的可能经受不了这种折磨，干脆自杀算了。

可是周某却没有放弃逃生的机会，她一直想办法寻找机会逃出去，却屡屡失败。

终于有一天，她想到这样一个办法：

她在一张纸条上写下："救命！我被人关押在地

下。"并在纸条上留下一张手绘简图，标出自己被关押的地点，此外，还留下了自己父亲的电话、家庭住址及囚押她的人的姓名。

她把纸条塞到电视的后壳中。之后，她就把电视砸坏了。

正是这张纸条救了她的命。

曾祥宝把坏了的电视送去修理。维修店的师傅发现了纸条，开始还以为这是有人开玩笑，但他的朋友杜先生是个热心人，看到纸条后，认真地按照上面写的地址通知了周家。之后，周家报了警。

周某被救出的时候双脚被链子锁着，她赤身裸体，全身散发恶臭，而且已经7天没进食……

周某整整在地窖中煎熬了9个月。这期间，他的家人去派出所报了警，到处寻找无果。她一直下落不明，大家对寻找到她本不抱太多希望了。

和她一样被关押的还有一个16岁的少女胡某，她已经被绑架关押2年了。

那种被关押在地窖中的痛苦和绝望让人难以想象，假如一般人遇到这样的情况，可能到最后就真的放弃努力了。

但是，这个女孩却是一刻都没放弃自救机会，最终想出办法，用砸烂电视机的方式，巧妙地把自己的情况用纸条传了出去，逃出了恶人的魔窟。

这两个案例，为青少年进行自我保护，提供了很大的启示："绝望的隔壁是希望。"

"成功就是在你认为绝不可能时，再努力一次！"

不管遇到多大的困难，也要怀有坚定的信念，只要有一线自救机会就绝不能放弃。

只要坚持想办法，就有可能想出好的方法，直到把问题彻底解决。

四、更新观念，更好学会自我保护

1. 胜负重要，生命更重要
2. 要"见义勇为"，更要"见义智为"
3. 要做诚实的孩子，但对坏人例外
4. 自我保护，并不等于独自承担

在实际生活中，一些陈旧和似是而非的观念影响着青少年，它们往往对青少年的自我保护有害无益。

为了更好地做到自我保护，我们还要去掉这些陈旧和似是而非的观念，用新的观念引导自己，更好地进行自我保护。

1.胜负重要，生命更重要

争强好胜是青少年普遍存在的心理特征，面对侵害自己的人，不少正直而且有勇气的孩子，都觉得只有把坏人打倒才是真正的自救，只有获胜才能证明自己的勇气。

这有一定道理，假如有战胜对手的能力，自己却躲避，那是怯弱。但是，如果对方的力量实在太强大，你的反抗会带来更大的伤害时，请千万记住：

胜负固然重要，生命更重要。

《新文化报》曾经报道了这样一个故事——《15 岁少年遭遇抢劫，为保护兜里钱被砍伤》：

> 小李兜里揣着 390 元在网吧上网。
>
> 正在小李玩游戏上瘾之时，一位面生的少年说找他有事，让他出去一趟。小李想都没多想，就跟着走了出去。
>
> 门口站着四五名少年。一见小李他们直言不讳："我们最近手头比较紧，借我们点儿钱花。"
>
> "不行！"小李一口否决。
>
> "不行就抢！"说着，几人扑了过来。
>
> 小李用手使劲捂着自己的衣兜，奋力保护兜里的钱。不知谁掏出了刀，对着小李就是一顿砍，小李不顾头部和身上刀伤的痛，还是紧紧捂住自己的钱，他根本就没想过把钱给他们。
>
> 幸好，有路人看见，帮其报了警，警方迅速赶到现场，才把小李解救出来。

遇上这样的事，大多数人都容易像小李那样做，因为捍卫自己也是勇气的表现，但是为了显示勇气，就值得去冒生命危险吗？

对此，民警是这样说的："青少年不管遭遇什么情况，都要把生命安全放在第一位，尽量避免正面冲突，防止受到暴力伤害。"

民警还进一步提示，青少年遭遇歹徒，可以先假装同意他们的要求，借此使歹徒放松警惕，但在假装同意这个过程中，你要尽量记住歹徒的外貌特征，一旦逃脱就应该立刻报警，为抓住这些歹徒提供最有利的条件。

所以，青少年请牢记：与战胜对手相比，生命才是第一位的。与其与歹徒硬碰硬，不如逃脱后报警，让警方来制裁他们。

2. 要"见义勇为"，更要"见义智为"

某某青年救自己溺水的朋友牺牲了；某某学生为了救自己的同学被刺伤了；某某男生为了不让劫匪逃跑，与之搏斗被捅数刀……

面对这些见义勇为的事迹，很多青少年都把这当成是英雄行为，他们都以为见义勇为值得提倡。

许多时候，我们是提倡见义勇为的，但是，如果风险太大，或者会造成不必要的牺牲，那么，就更需要提倡"见义智为"。

我们且看面对公交车上的小偷，两种不同的做法，和两种不同的效果。

《重庆晨报》发表的一则新闻——《小学生制止小偷行窃挨打》很引人关注：

> 有一位彭姓小学生，有一天在坐公交车时，看见两个中年男人正在偷一位老人的东西，当即忍不住大喊一声："偷东西！"同时他还打了一下中年男子放在老人裤兜里的手。
>
> 小偷恼羞成怒，狠狠地扇了彭同学几个耳光。而难以理解的是，车厢里30多个人，竟然没有一个人为他主持公道。
>
> 彭同学非常伤心。他的爸爸妈妈也非常伤心，因为他们一直教育孩子做好事，但这件事发生以后，他以后还做不做好事呢？

这个故事是让人气愤的，这充分说明了当前的社会环境，也说明了正是由于大多数人的麻木不仁，才纵容了嚣张的坏人，我们必须强化社会的正义感。

要跟小偷做斗争是对的，但这么小的一个孩子，采取这种直接干预的方式，去阻止坏蛋，这种方式是不是最合适的方式呢？我们先看看《宝安日报》刊登的这个报道再说——

大学生小曼乘坐宝运发公司的汽车享受优待，她坐车不仅所有费用全免，还可坐最靠前的座位。

这是为什么呢?

原来是因为小曼同学在一次乘车过程中，机智地抓住了车上行窃的小偷，由此成就该公司的一段佳话。

大学生小曼在其他城市读大学，一次乘坐汽车回家。汽车在路上行驶了 3 个多小时后，大部分的乘客都进入了梦乡，而小曼却戴着耳机沉浸在美妙音乐中没有入睡。

她突然觉得前座的两名男子有点奇怪，他们俩一会儿四处张望，一会又窃窃私语，在安静的车厢中他们的行为非常诡异，这引起了小曼的注意。

她佯装睡着的样子眯着眼睛看着他俩的举动。汽车下了高速之后，小曼看见两个男子站起来，迅速将自己背的包放在行李架上，又将行李架上的背包拿下来放在自己的膝盖上。小曼立刻意识到：这是两个小偷正在上演调包计。她的心跳加速，非常紧张，本想站起来揭发他们，可又怕这样暴露了自己，就可能遭到报复。

于是，她灵机一动，想出了一个好办法。

"乘务员，这边的空调怎么没有冷气?"乘务员听到小曼说话就走了过来，两个男子立刻扭头紧紧盯着她，乘务员站在小曼身边用手弄冷气，小曼小声地问："乘务员，你的电话号码多少？告诉我，方便我下次再坐这趟车。"乘务员说了号码又走回座位上。

小曼立刻用手机给乘务员发了信息，并说明了他们调换别人背包的情况，乘务员看到信息之后立刻和司机小声商量起来。

不一会儿，车子开到一个加油站，司机站起来提醒乘客说："车子要到目的地了，大家都醒一醒，看看各自的东西有没有丢。"

乘客们纷纷检查自己的行李，小偷害怕被发现，立刻将偷到手的包放回去，将自己的包拿了回来，然后趁上厕所的机会逃跑了。

小曼凭着自己的机智，成功地保证了乘客的财物安全，也从此成为该公司享受特殊待遇的"贵宾"。

看到上述两个故事，你发现有什么相同或不同的地方？

相同处：两个孩子都有正义和勇气，都自觉地与小偷做斗争。

不同处：彭同学是不顾个人安危，直接去与小偷做斗争，结果反倒被小偷打了。而小曼没有直接出面，而是采取一个巧妙的方式，让乘务员与司机采取合适的方式，不仅没有受到伤害，而且也成功地战胜了坏人。

这就是"见义勇为"与"见义智为"的区别！

我们要"见义勇为"，更要"见义智为"！

智就是机智。当以后你遇到类似的情况时，请做个既勇敢又机智的孩子吧！

3. 要做诚实的孩子，但对坏人例外

我在各地举办关于自我保护的讲座，有时会讲到我儿子被绑架的一个细节：

他一开始很恐慌，后来冷静下来后，就明白自己必须一方面显得老实，甚至骗歹徒说自己绝对不会跑，让他放松警惕，与此同时，脑袋中却不断想着如何逃掉。

讲到此处，不止一次会引来一些孩子尤其是低年龄段孩子的疑问："爸爸妈妈和老师不是让我们不说假话吗？怎么您却倡导讲假话呢？"

这时候，我就不由得想起了一个小女孩秋秋的脱险故事，并将这个故事与大家分享：

秋秋放学回家，爸爸还没有回来，妈妈也不知道去了哪里，于是，她在家门口不远的马路上独自玩着，这时候，一个陌生人站在了她前面，笑嘻嘻地说："小妹妹，我是你爸爸的朋友。他这会儿有

点忙，让我来接你去饭店，和他一起吃晚饭。"

秋秋愣了一下，因为她没见过眼前这位叔叔，心想：爸爸的朋友我也不可能都见过，怎么就跟他去？万一是坏人怎么办？不去？如果真是爸爸的朋友的话岂不是很不礼貌？

如果是一个防备心弱的小朋友，可能就会乐呵呵地相信了对方说的话，可是这个小朋友却很镇定，在心里多问了几个问题。

看到秋秋犹豫，那个人马上掏出一把糖块，热情地往她手里塞。她一边接受了，一边问他："叔叔也是司机吧，我爸爸今天开车去哪儿了？"

那个人不假思索地回答："是的，你爸爸他……"

听到这里，秋秋明白了眼前这个人就是骗子，因为她比骗子还要精明，她爸爸不仅不是司机，而且从来都不开车。

秋秋手中捏着一把汗，为了摆脱这个坏人，她没有直接揭穿骗子的嘴脸，因为她知道自己力量单薄，必须要智斗才行。

于是，她假装相信对方，跟他往前走。在经过一个汽车修理店时，她发现一个邻居伯伯在那里，不由得远远地大喊："爸爸，原来你在这里呀。你请来的叔叔来接我了，咱们一起去饭店吧。"

那个伯伯一愣，看到了后面跟着的人，立即反应过来了，说："好啊，等我收拾一下，我们再去吧。"

再回头一看，骗子吓得转身不见了。

这时，那位伯伯问秋秋："我不是你爸爸，你为什么要叫我爸爸呢？"

她回答说："那个骗子根本不认识我爸爸，想骗我。我不能上他的当，所以也骗骗他。"

"那你直接叫我伯伯不行吗？"

"不，如果只是叫你伯伯，我怕他怪你多管闲事。但是，如果你是我爸爸，他就不能找你麻烦，反倒更怕你了！"

你说说，这个孩子的回答是不是很机智？

如果是一般的小朋友，很可能根本没有防范意识，直接跟着骗子走了。而这个小女孩却没有直接相信骗子的谎言，她通过对方答错爸爸的职业的方式来识破骗子。

小女孩聪明的地方还在于她能以"骗"治骗：她对一个不是爸爸的人喊"爸爸"，把骗子吓走了。

如果小朋友们遇到类似的情况，也能像她一样机智，就会减少被欺骗的概率。

这其实告诉了我们一个道理：一般情况下，我们当然要讲真话，但是，对坏蛋，可不能讲真话。对坏蛋讲真话，你不就成傻子了吗？

谈到这里，我们不妨借鉴一下英国小学生关于自我保护的 10 句金言：

（1）平安成长比成功更重要。

（2）背心裤衩覆盖的地方不许别人摸。

（3）生命第一，财产第二。

（4）小秘密要告诉妈妈。

（5）不喝陌生人的饮料，不吃陌生人的糖果。

（6）有权不和陌生人说话。

（7）遇到危险可以打破玻璃，破坏家具。

（8）遇到危险可以自己先跑。

（9）不保守坏人的秘密。

（10）坏人可以骗。

这 10 条其实对保护青少年尤其是未成年人很有价值。其中的第 7，8，9，10 条，是为了帮助那些"好孩子"，消除他们的顾虑的，更有针对性。因为你是未成年人，你的经验、力量有限，就要以这些方式去保护自己不受伤害。

记住，面对坏人，你有权不讲真话甚至骗他！

4. 自我保护，并不等于独自承担

一些青少年遇到问题，遭到伤害，出于这样那样的顾虑，总是喜欢一个人扛着，即使到了无法承担的地步，他们依然不愿向别人求助，最终酿成了惨剧。

毫无疑问，这种心理是错误的。我们提倡自我保护，但是，自我保护并不是出了问题只能自己扛，而是要学会利用一切自己可以利用的力量，帮助自己走出困境，避免和减少伤害。

这就要注意两点：

第一，不要等到别人问你的时候，才被动告知问题。

第二，自己扛不起的担子，找人扛就不那么重了。

不少媒体曾报道这样一则新闻——《14岁初中生被指偷窃，为证清白喝农药身亡》：

> 初中生小强是个优秀学生。一天，他来到学校小卖部买东西，没想到老板居然一口咬定他偷了小卖部的5支圆珠笔。
>
> 小强认为这是完全没有的事。他从来没有这样委屈过。他觉得所有人都在看着自己，浑身不自在，可是辩驳无力，那个老板为了惩罚他，让他钻桌子，这还不算，还让他站在门口，和每个认识的学生说："我是小偷。"
>
> 半个小时后，他以为老板会放过他，可是，那个老板不仅罚他100元钱，还让他找家长来。
>
> 天哪，在学校已经这样丢人了，还要被爸爸妈妈

知道这种丑事，小强心里非常难受，他觉得整个天都塌下来一样。

回到家，除了奶奶在家之外，别人都不在家，小强不知道怎么办，也不知道等爸爸妈妈回来后，要怎样开口，于是，他想到一死了之。他含泪喝下了一瓶农药，等到他奶奶发现他的时候，他已经身体僵硬，口吐白沫，离开了这个世界……

他的爸爸妈妈痛不欲生，经过村委会和校方协调，学校给他们赔偿了7万多元。可是，一个家里的好孩子、学校的好学生就这样死去了。

看了这样的悲剧，我们实在很忧伤。设身处地为这个孩子着想，也许他当初有重重的顾虑：自己丢脸了，还给爸爸妈妈丢脸，以后怎么去见同学？我明明没有偷，你凭什么冤枉我？我死给你看……

我们无法知道他的心理，但是有一点是可以肯定的：他没有求得任何帮助。在他的心里，这个问题太大了，对一个14岁的孩子而言，怎么能扛得住这么大的压力呢？

从上述的故事，我们可以得到如下借鉴。

如果发生了一件你认为是很严重的事，你觉得自己扛不下去了，你可以：

（1）及时地告知自己的父母或者老师，积极地和父母、老师、朋友等沟通交流，不要不好意思开口。一个人觉得迈不过去的坎，可能与别人一交流，就柳暗花明了。

（2）如果遇到威胁，就要克服恐惧心理，勇敢地表达出来，要知道忍气吞声只会使伤害加剧。

（3）克服羞愧心理。即使自己真错了，但这个世界上谁没有错过呀，只要有错就改，人们总会理解和原谅你的。

（4）如果遭遇很严重的伤害，而父母和老师也很难保护你，那么你可以向法律求助。就像上述这个老板的做法，如果是诬陷孩子就是极大的错误了，即使孩子真偷了东西，他采取这种做法，也是违反未成年人保护法的，也应该得到制止和惩罚。

关于如何向人求助，请细看第二章中"自己难解决，伸出双手求帮助"。

第二章
有效自我保护的四大法则

一、问题没出现，擦亮眼睛防风险

> 1. 期望危险远离自己，不如自己远离危险
> 2. 害人之心不可有，防人之心不可无
> 3. 警惕玩耍出灾祸
> 4. 警惕玩笑出灾祸
> 5. 警惕冲动出灾祸

青少年在自我保护事件中通常有四个阶段，即问题未出现、问题已出现、自己难解决，还有已受伤害该如何处理。

在这四部曲中最关键的，就是要在问题发生之前做好预防，提高警惕，擦亮双眼，防患于未然，这样才能实现最佳保护。

1. 期望危险远离自己，不如自己远离危险

我们都希望自己永远吉祥顺利，不要有任何危险的事情在自己身上发生。

有些同学还总心存侥幸，如"我就去河边玩一会儿，应该

不会有事"，"就算有危险那也是百分之几的概率，哪会那么容易就让我遇到？"等等。

这一愿望是十分美好的，但现实是复杂甚至残酷的。你不期望并不见得不发生。而且越没有风险意识，可能风险越容易降临。

我们每一个孩子都要对自己的生命负责，要懂得预防问题，防御危险，才能保护自己远离危险。如果凡事存在侥幸心理，总期望危险会远离，反而更容易让我们遭遇危险。

不信，让我们先来看一个案例。

《楚天都市报》的报道《男子卖白兔诱惑绑架女孩》：

石首市 11 岁的小学生小歌（化名）特别喜欢小白兔。在她上下学的路上，有一个卖小白兔的摊子常吸引着她。这天中午离家出门上学时，她走到那个摊前，蹲下身来逗小白兔。这时候，那个卖小白兔的叔叔开口问道："小朋友，你这么喜欢小兔子，等过几天兔子卖不完，我送几只兔子给你，好吗？你家里电话是多少，到时我跟你打电话。"

听到这话，小歌高兴极了，连忙报出了家里的电话。

卖兔子的叔叔又说道："我屋里还有几只更好看的兔子，既然你很喜欢，你去帮我喂一下菜好吗？"

既然能看到更好看的兔子，还能自己去喂，小歌便十分高兴地跟他朝房子走去。但一进房里，那个本来看起来慈眉善目的叔叔却凶相毕露，抓起一截胶绳就朝小歌身上捆，并恶狠狠地说道："只要你听话，一切都好说，你说你家住在哪里，你妈妈有多少钱。"

小歌不说，但是那个人早就已经从她口里问到她家电话了，便将小歌结结实实捆了起来，嘴里塞上毛巾，装进一个编织袋内。之后，便向她妈妈打电话索要 5 万元。

当然，这个故事的结局是较为理想的：因为歹徒放松了警惕，小歌 5 个小时后挣脱绳索逃掉了，歹徒也被抓了起来。

据歹徒交代，他是天门市人，因为债台高筑而流窜到这里。他一心想着发一笔不义之财，整天在街头乱窜，望着学校门口进进出出的小学生，心头顿生恶念：现在的孩子大都是独生子女，都是几代人的希望，不如就绑架他们，来钱容易。

他知道小孩都喜欢小动物尤其是小白兔，为了能有机会接触小学生，他选择离石首城区一所小学只有一两百米远的地方，租了一间民房。这里是小学生上下学的必经之地。他又不惜本钱买来 20 多只小白兔，摆在出租房的大门口。

　　经过几天逗引，果然吸引了一些小学生驻足观看。之后，他就选择了既很喜欢小白兔同时也格外缺乏防备心的小歌下手……

　　虽然小歌顺利脱险，但是这件事情给人的教训也是十分深刻的：

　　对出现在眼前的坏人，她没有任何防备之心。当掉入陷阱的时候，才后悔莫及。

　　期望风险远离自己，其实，更重要的是对有风险的人、事、地方，都主动远离啊！

　　事实证明：当今青少年的自我防护意识太差，急需加强这方面的教育。

　　为此，孩子们需要在如下方面注意：

　　第一，时时处处要小心。

　　不要认为哪个地方、哪个时候就一定没有风险。其实，你疏忽的地方，往往就有着想象不到的风险。

　　在本书开头，我就讲述过我儿子被绑架的故事。记得在他战胜绑匪以后，非常感慨地讲过这样一句话："谁能想到在大街上，在大型商场边上，我就会被绑架呢？可是，正因为自己认为那里不会有问题，才导致上当啊。"

　　多一分戒心，多一分安全。多一分小心，多一分安心！

　　第二，我们鼓励做好事，但对未成年的孩子而言，只能是在确保自己不受伤害的情况下做好事。

如有人问路，我们可以告诉他应该怎样走，但绝不主张直接带着陌生人一起走。

2. 害人之心不可有，防人之心不可无

在各种伤害案中，来自坏人的伤害占了相当程度的比例。

坏人往往没有长出一副坏坏的脸孔让我们辨认，孩子们如何才能在毫不知情的情况下防止坏人侵害自己呢？这就需要我们每个孩子都具有防备的心理。

只要提高警惕，做好防备，我们也能从一些行为和场景中判断坏人的动机，从而及早预防，避免伤害。

关于如何防止坏蛋欺骗自己，后面我们还有专门的章节（如何对付诈骗）来讨论。这里，我们就从一个平时我们认为最安全的地方——家里开始，通过两个故事，与大家讲一下不得不留心的现象：

第一，你吃亏，不少时候是因为你给了坏人伤害你的机会。你对坏人不设防。一不留神，就有可能受到伤害。

第二，坏蛋之所以成功，是因为他懂得掌握和利用你的心理。

且看一篇名为《遇到陌生人敲门怎么办》的文章中讲到的故事：

一天，正在家里看电视的倩倩突然听到有人敲门。倩倩透过防盗门猫眼看到门外站着一个和蔼可亲的花甲老人。

老人说他是邻居的爸爸，刚从乡下来的。儿子没在家，他现在非常口渴，想喝点水。

"原来是邻居家的爷爷啊。"倩倩立刻打开防盗门请老人进屋，可没想到，那个人进屋之后立刻将门反锁，并将倩倩用绳子捆绑起来，拿了钱和贵重物品后，甚至还糟蹋了倩倩这个只有14岁的小女孩。

看完这个故事我们可能都会痛恨这个犯罪分子，居然利用一个小女孩的善良实施犯罪。

可是总结教训的时候，我们不得不看到，坏人欺骗和伤害人，都是充分掌握和利用了你的善良心理。

就这个案例来说，因为小女孩善良，觉得既然老人是自己邻居的爸爸，又进不了儿子的屋，仅仅是来喝口水，能有什么事呢？于是，就把他放进来了。

古人云："害人之心不可有，防人之心不可无。"因为青少年往往缺乏生活经验，那些坏蛋就充分利用孩子们的善良与轻信，让他们屡屡上当。

那么怎么办？现将新加坡纸业大王黄福华先生常讲的一句格言转送给大家："纯良如鸽子，灵巧又似蛇。"

这句话的意思是：我们的心灵要像鸽子一样纯洁善良，但是，我们为人处世、认识世界和别人，要像蛇一样灵巧，否则，就如"羊入狼群，任人宰割"。

第三，掌握居家安全的要点。

在这里，我们与大家分享一下在家的安全问题。下面的做法，是记者采访济南市公安局刑警支队苏维副支队长时，他就小学生在家的安全问题提出的一些建议——

（1）小学生一个人在家或出去玩时，不但要锁好防盗门，最好还要将能够进人的窗子关好，防止坏人破门而入或从窗子潜入室内。

（2）出去玩时，钥匙最好不要挂在胸前；玩耍回家后，要看看身后有无陌生人跟踪。

（3）有人来访时，可以隔着门窗与其对话，切不可开门让其进来。对于自称是修煤气管道、修水表、修电表等的来人，要先给爸爸妈妈或者小区物业管理人员打个电话，问清情况之后，听听他们的意见再决定是否开门。

（4）如果有人说是爸爸或妈妈的同事时，你要反问爸爸与妈妈的名字叫什么，如果答不上来，肯定是骗子；即使答上来，最好也要给爸爸妈妈打个电话后再决定是否开门。

（5）如果窃贼已经进屋，又没有发现小孩在家，这时不要惊慌，要尽快躲藏起来或伺机逃走。千万不要与坏人搏斗，以免坏人狗急跳墙，伤及你的性命。有机会就拨打 110 报警电话。

3. 警惕玩耍出灾祸

在不少孩子的眼里，只要想玩，哪儿都是游乐场。铁道边可以玩轧铁钉，河边可以游泳嬉戏，冰面上可以滑冰，就算在马路上也会嬉戏打闹。

在不少孩子的心里，只要开心，哪种玩耍的方式，都是可以直接采用的好方式。

但是，正因为你认为这些地方和玩法没有问题且能让你快乐，风险与危险就在不知不觉中降临。

且看《扬子晚报》的报道——《十龄童玩鞭炮炸冰掉下冰窟，民警爬行 50 米救人》：

　　过年时，宿迁市实验小学四年级学生、10 岁的小荣，和小伙伴们都非常喜欢玩鞭炮。

　　这一天，可能是觉得在家附近玩不够刺激和好玩，他们就跑到河边玩起了鞭炮炸冰的游戏。

　　几个孩子玩得不亦乐乎。后来，小荣拿起一个擦鞭擦了一下，往河中间扔过去，接着还踏着冰面，想去看看河里的冰炸裂了没有。

走到河中间时，冰面一下子裂开。他掉到了冰窟里。

几个孩子吓坏了，在河边大声呼救，好心人看到情况后立刻打了110。

在这过程中，小荣多次想自救，却未成功。每次他要爬上冰层，冰层总是不断断裂。

万幸的是，赶来的警察采取了一个特别的措施，一方面用麻绳将自己的腰系住，一方面躺在冰上滑行，最终把他救了上来。这时候，他已经冻得僵硬。如不及时抢救，就可能一命呜呼了。

看了这样的故事，你还能不顾虑任何风险就随意玩吗？

我们每一个孩子都有爱玩的天性，可是我们在玩耍的时候是不是不要这样把风险忘到脑后呢？

在玩耍导致的灾祸中，还有两点值得补充：

（1）不要随意模仿电视中的某些情节玩耍。

如有的小朋友，模仿动画片《喜羊羊与灰太狼》中的情节，将同学架起来到火上烤，导致出了人命。

这既有家长和老师教育不得力的原因，有媒体引导不当的原因，但是孩子本身，也要尽早增强鉴别力和判断力。

（2）不要像某些"熊孩子"那样，只顾自己玩，不顾给其他人可能造成的伤害。

下面就是一个典型的案例。

《广州日报》报道——《12 岁男孩楼顶抛砖砸死百日女婴》：

一位 12 岁少年带着 6 岁的堂弟和 1 岁半的亲弟弟，在一栋出租屋的楼顶玩耍。这三名小孩玩得比较野，不但互相打闹，还在楼顶烧东西。

后来，不知道出于何故，12 岁的男孩竟将手中砖块抛出了楼顶矮矮的围墙。这时候楼下正好有一位年轻妈妈抱着自己的婴儿经过，结果砖头掉到这个女婴身上，来到人世仅 103 天的婴儿，竟然被砸死了。

由于肇事的男孩不满 14 周岁，将不会被刑事起诉，他的父母将为受害者家庭承担民事赔偿责任。但是，一个小生命就因为一个"熊孩子"的玩耍而永离人世了，能不让人痛心吗？

记住：玩耍不是随便玩的！

4. 警惕玩笑出灾祸

一个玩笑，或者一个恶作剧，不少孩子都喜欢用这个方式和同学、朋友闹一闹、玩一玩。一个小小的玩笑常常会引起同学朋友之间的大笑，由此也能增进彼此的感情。

可是凡事都要有尺度。如果玩笑开过了头，也许你得到的并不是彼此的开心，反而会是无法承担的伤害。

不少媒体都刊登过一篇关于校园事故防护的文章，讲述了这样一个故事：

> 在四川省阿坝州某小学，两个男同学小光和小达并排而坐。
>
> 有一次上自习课，小达站起来与前排同学说话。小光想跟他开个玩笑，就悄悄地用脚把他的椅子钩到一边。
>
> 小达毫无防备，当他坐下时，猛然一个后仰坐到了地上。小光忍不住哈哈大笑。
>
> 但是，他马上就笑不出来了。在大家的惊呼声中，他发现小达后仰时头颈部撞到后排的课桌上，已经动弹不得。
>
> 大家赶紧把小达送进医院医治。经诊断小达颈椎损伤，构成高位不全截瘫，几乎造成生命危险。
>
> 为了治疗小达的病，他家光医疗护理费就花去了3万多。这在经济落后的阿坝州，当时几乎是个天文数字。
>
> 这个因为玩笑造成的损害，改变了小达的一生。小光同学的家庭要承担的赔偿也是巨大的负担，而

他这一辈子，良心也会永远不得安宁了。

其实，类似这种把凳子偷偷拉开，让他人倒在地上的恶作剧，在孩子们中并不罕见。一些孩子也为能这样让别人出丑而格外开心。

但是，假如他知道这种做法，有可能造成这个同学的终身残疾，他还会这样肆无忌惮地开这种玩笑吗？

"跟同学开个玩笑，吓唬他一下又没有恶意，怕什么呢？"

这样的想法，其实在不少孩子心里都会有。但是，假如你的一个玩笑让同学终生都生活在痛苦里，而你自己也要对此负责任，此时此刻，你是不是会有一份警觉之心呢？

我们不反对正常的玩笑，但请务必重视下列几点：

第一，开玩笑前一定要有警惕之心，不要因一时兴起、光顾好玩而误伤他人。

如故意拿脚绊倒他人，用脚钩走椅子，等等，这些都是很容易真正给人带来身体上的损害的，千万不要做。

第二，在开玩笑尤其是恶作剧之前，一定要考虑他人的感受和自尊，切不可不注意分寸，更不能拿别人的缺点开玩笑。

据了解，有不少发生在学生之间的恶性事故，都是由一些并不大的事情而产生矛盾，之后矛盾越来越大才酿成的大祸。其中，不得当的玩笑，也占了相当程度的比例。对此，能不慎重吗？

第三，危险地方不开玩笑。

例如不要在楼梯口、池塘边、马路上等地方惊吓别人，因为这样往往会使他人惊慌失措、摔伤乃至丧命。也别在楼上的窗户边嬉戏打闹、互相拉扯，以免跌下楼去。

第四，不拿危险的工具开玩笑。

例如拿小刀当玩具，拿树枝当剑使，拿削尖的铅笔当飞机，都很容易扎伤或划伤他人。

5. 警惕冲动出灾祸

处于成长期的青少年，情绪不稳定，遇到问题思维容易走极端，有时免不了冲动。

但是，有这样一句名言："冲动是魔鬼。"

假如不能管理好自己的冲动情绪，也有可能酿成大祸。

《兰州晚报》曾有一篇名为《篮球场上起争执，高中生捅死同学》的报道：

高中学生小亮约小刚等几个同学去打篮球，大家约定输球的一方要做俯卧撑。可是没有料到，小刚一方输球之后却不愿意做俯卧撑。

这让小亮很不高兴，于是就说了对方几句。小刚听了之后更不服气，就和他争吵起来。

小亮实在气不过，就踢了小刚一下。小刚不仅毫不示弱，反而用力地打了小亮一拳。

本来就很生气的小亮，一下子被惹恼了，他从口袋里拿出一把匕首，朝小刚捅去，一下刺中了小刚的胸口。

当大量的鲜血涌出时，小亮才清醒地意识到自己错了，随后将小刚送到医院抢救。

可小刚还是因为失血过多抢救无效死亡，而小亮也被判刑 7 年。

就因为一次口角，愤怒的双方如果有一方能够控制自己不冲动，也许悲剧就能避免。

实际上，青少年因为冲动而惹来灾祸的事情，并不少见，而有很多案例，如：

一时忍受不了父母的管教，就离家出走；

感到自己受到委屈和遭受挫败，就吃药或跳楼自杀；

觉得哪句话伤到自己，本来处得很好的朋友，也立即反目成仇；

认为某人看不起自己，就一气之下，要"把他干掉"……

那么，怎么治疗"冲动症"呢？

第一，培养"结果思维"。

所谓"结果思维"，就是经常让自己这样思考："如果这样做，会有什么后果？"

如硬闯红灯会出车祸，上课迟到会遭老师批评，沉迷网游会让成绩下降等等。

需要指出的是：这种"结果思维"，一定要平时就养成，当遇事养成了这样的习惯，事到临头冲动时，就能把自己及时"叫醒"，不再冲动。

第二，不要轻易去冒犯别人，也要与"被冒犯情结"做斗争。

青少年在成长过程中，自尊心强，十分好面子。假如觉得谁看不起自己，不给自己面子，往往就容易气愤和暴躁，轻则吵架，重则动刀或下毒。

但是，这样的结果会如何呢？往往是伤人伤己。那么，该怎么办呢？一方面，尽可能不去"冒犯"别人，另一方面也要让自己的内心变得强大，变得不那么容易"被冒犯"。

就拿上述故事来说，假如一方答应了做俯卧撑最终就做了，另一方应该不会生气。另外，假如另一方不那么"较真"，不因为别人与自己发生冲突，就一定要"压倒"别人，就不可能因小事酿成这样的血案。

综上所述，避免风险的最好方式，就是在事前对风险有防范意识。

常保持这样防范、警惕的心，就能更好地让问题在发生之前远离自己。

二、问题已出现，开动脑筋想方法

> 1.要勇敢，更要有方法
> 2.想方法，就能有方法
> 3.即使已经犯错，也可冷静纠错

　　虽然采取明智的预防措施，就是保护自己的最好方式，但是，由于经验与见识等多方面的原因，孩子们往往难以做到面面俱到，一些风险或危险还可能在大家意料不到的时刻发生。

　　所以，除了要擦亮眼睛预防风险外，一旦问题出现，更要做到开动脑筋想办法。

1. 要勇敢，更要有方法

　　问题既已出现，逃避毫无价值。

　　一些孩子觉得自己无力还击，于是就选择了害怕和逆来顺受，或者被动地等待被救或某种奇迹发生，这是不可取的，这时，最需要做的，就是选择勇敢面对。

但是，勇敢面对这只是最基本的态度，更重要的，还是要采取有效的方法去解决。

那么，怎样才能做到既能勇敢面对，又能用巧妙的方法让问题得到更好的解决呢？或许，下面的小故事会给你一定的启示。

《生活报》曾有一篇报道《机智少年挣脱绑匪魔爪》：

简阳市学生小强在上学路上，意外遭绑匪挟持。绑匪们用一件衬衫蒙住他的双眼，之后又用绳子反捆其双手并用胶布封住他的嘴巴，将他装进一个大麻袋，接着把他关到一个房间中。

小强想方设法逃脱魔爪，故意大叫口渴、眼疼。一绑匪暂时松开了蒙住小强眼睛的衬衫。他看见其中一名绑匪取下了头上的蒙面罩，另两名绑匪则不知哪儿去了。绑匪给他弄来一碗水，他喝了一小口，感觉有药味，便故意用牙齿碰翻碗里的水。绑匪怒吼："不想活了?!"

小强很快又被装进麻袋。这次他感觉自己被人用绳索吊到了一个很深的地方。好像有木板，还铺有床单、棉絮。接着一切回归平静。

他冷静地等待着，同时脑中最强烈的念头便是要活着逃出去。

　　他想起老师曾教过的一种自救方法——吐出大量口水可以将封在嘴上的胶布弄掉。

　　他采用这一招，果然成功。之后，他又用牙齿一点点地咬断捆住双手和双脚的粗绳，咬得满嘴都是血，绳索终于被咬断，他的手脚能活动了！

　　但是，麻袋口还被捆得紧紧的。他先是继续咬麻袋，到后来咬得完全无力了。

　　他突然又想起背上的书包里还有一把削铅笔用的小刀。摸了摸，果然还在，于是他拿小刀划破了麻袋后，终于从麻袋中逃了出来！

　　但他看到的依然是一片黑暗。他伸手摸了摸，四周都是墙壁，原来他被困在一口直径仅半米的深井中。

　　小强试着用两只手和两只脚分别撑在井壁上，艰难地往上攀爬。大约爬了半个小时，终于看到井口露出一线亮光。原来，井盖正牢牢地盖着井口。

　　这时候的小强身体已经累得虚脱。但他没有放弃，用头部使劲顶井盖。顶了几次后，只听嘣的一声，井盖终于被顶开了。出深井后，他便迅速逃离了危险之地。

　　当他回到学校时，所有老师和同学都难以相信这个奇迹。

　　小强在被绑架后逃生的故事，是真正的既有勇气也有方法的例子。这给了我们如下启示：

　　第一，遭遇危险，固然可以等待救援，但是绝对要有主动自救的意识，并抓住主动脱险的机会。

　　第二，从遭遇问题的第一刻开始，就得有强烈的风险意识。

　　当歹徒要小强喝水时，他机敏地感到水有药味，便故意用牙齿碰翻碗里的水。这样一来，就避免了自己被药物麻醉得神志不清，为后来机智逃脱打下了很好的基础。

　　第三，想办法把胶布弄掉十分重要，幸运的是，他学过这方面的知识。因此可见平时学习安全知识的重要性。

　　第四，采取逐步解决问题的方法，先是通过多吐口水的方式去掉胶布，解放了嘴与牙，之后用牙齿咬断了绳索解放了手脚，再后来用小刀把麻袋划开，解放了全身，并顺利逃跑。这样就步步接近了成功。

　　第五，值得一提的是，在继续咬麻袋的时候，他突然想起了书包里还有小刀，之后用小刀更快地将麻袋划开了。这个小细节说明，即使在最紧张时，也要保持冷静，这样才有可能想出更好的方法。

　　当面对风险与问题时，能有勇气面对，同时也能主动找方法，对这些风险与问题，我们就会更少畏惧了。

2. 想方法，就能有方法

有方法解决问题，当然很好。这点恐怕所有孩子都承认。

但是遇到风险与危险时，不少孩子却往往束手无策。因为他们往往很不自信，尤其在遇到严重问题时，他们总觉得自己力量弱小、无能为力，于是，往往失去了自救的好机会。

其实，只要肯开动脑筋想办法，充分利用一切可以利用的条件，往往能找到应对危险的方法。

我不由得想起了曾看到过的一则安全小故事：

那是几年前，当时五一劳动节有7天的假期。

过节前一天的下午，阿强急急忙忙从学校赶到妈妈单位去找她，但是单位大厅已无人。

阿强乘电梯上楼，可刚到四楼与五楼中间处电梯突然停了下来。原来，单位提前半个小时下班，4点40分大楼已空无一人。电工竟然拉闸了，全楼停电了。

此时，漆黑的电梯里没有一丝光亮，阿强大喊了一阵，可无人理会。不管阿强在电梯里怎么折腾，根本无人听见。

1个小时过去了，阿强觉得精疲力竭，但他还是不停地喊叫，他的嗓子疼得几乎说不出话来。

　　到了晚上8点，爸爸妈妈还不见阿强回来，急得团团转，哪儿都找了，还到单位来寻找，并专门问了看门师傅。但看门师傅不知道是当时走神还是什么原因，没看见阿强，就告诉他们阿强没有来。于是爸爸妈妈就只好去别的地方寻找了。

　　就这样阿强一直折腾着，一会儿敲门，一会儿喊叫，但都无济于事。

　　就在这时，阿强开始冷静下来了。他突然想到：

　　单位这一休息就是7天，如果自己不想办法求生，就只能坐以待毙。

　　于是，在种种不利因素下，阿强决定细心听外面的动静，企盼着有人上楼，那时再发求救信号。至于拿什么发信号，阿强把自己脚上带鞋钉的皮鞋脱了下来，拟定了好几个方案。

　　到了午夜左右，他估计晚上可能不会有人来了，就不再挣扎了，抓紧时间休息了一下，以保持体力。

　　但是，天快亮时，他就赶紧醒来倾听动静。

　　果然，凌晨5点左右，他好像听到有人拎水桶拖地的声音，急忙用两只鞋敲打电梯的钢板处，击打出了鼓点的频率来。

　　的确是清洁工一早来搞卫生。在四楼打扫的时候，他听出了蹊跷，断定电梯里有人，马上报了警，阿强得救了。

事后，大家不断赞叹：幸亏阿强选择清洁工在四楼打扫卫生的这段时间求救，因为清洁工在做完这一会儿工作后，就不会再来了。而且整个假期，几乎不可能再有人来单位了。这样，阿强7天都只能待在电梯中，也许就可能饿死了。

阿强自救成功的故事，可以给广大的孩子们树立信心：只要积极想方法，就有可能想出很多方法来。这给了我们许多启示：

第一，在出现问题甚至遇到危机的时候，与其被动等待他人的救援，不如自己主动想办法自救。

第二，遇到一时解决不了的问题，先要让自己冷静，不要慌乱。

在这个案例中，阿强很了不起的地方之一，是在长时间奋力呼救之后，发现无济于事，他并没有像其他青少年那样慌乱，而是让自己先冷静下来，想到很快就是7天假期，妈妈单位可能再也没人来。所以，必须找到合适的方法，才不至于让自己劳而无获，更不会让自己坐以待毙。

第三，想方法就会有方法。

正因为有了这种冷静的思考，阿强才不会再盲目地呼救和敲打，而是给自己确定了正确的求救方式（用鞋子敲出有节奏的鼓点频率来报警），更选择了正确的求救时间：在知道深夜不会再有人来时果断休息，但一到黎明就赶紧醒来。

这一来，既节省了他的体力，同时又为真正有人到来时抓住机会增加了可能性。

试想，如果他和一般孩子那样不分时机盲目乱敲，很可能就累了一夜，但在早晨清洁工来打扫时就已经累到无法醒来，结果就有可能错过这唯一的求救机会。这样的做法，是不是聪明得多呢？

面对危险，阿强没有放弃，在一个办法失效后，他又积极地想其他办法，最后成功脱险。

他的故事告诉我们：

方法都是人想出来的，面对问题与危险，我们一定要养成主动想方法，不怕想方法的好习惯。因为，好方法，往往就在你下决心想出方法的时候产生！

3. 即使已经犯错，也可冷静纠错

我们不是神，不可能什么事都未卜先知，也无法避免自己犯错。

但是，犯了错并不可怕，只要你冷静下来，也可能纠错，通过开动脑筋想办法去弥补，最终转危为安，反败为胜。

我们且来看中小学安全教育网上讲述的一个案例：

一天放学后，初中生小芳正在家埋头做作业，忽然听到有人敲门，小芳以为是爸爸妈妈下班回来了，想都没想就连忙去开门。

谁知，进来的却是一个 20 岁左右的陌生人。他手中拿着一把锋利的尖刀，从刚打开的门缝里硬挤进来后很快将门关上，用尖刀顶着小芳的胸脯，让小芳交出家里的钱财。陌生人让小芳站在大房间的门口，开始翻箱倒柜地寻找，见到值钱的东西就往背上的小包里放。

当走到一张抽屉被锁住的书桌边时，他问小芳钥匙在哪里，小芳回答说不知道，陌生人很恼火，便挥着尖刀，准备撬抽屉。

见此情景，小芳灵机一动，说："你这样会把抽屉撬坏的，不如直接拿钥匙开吧。爸爸妈妈可能将钥匙放在小房间里了，我到那间房去找。"

陌生人就让她去小房间拿钥匙。

没想到晓芳进入小房间后突然关上门，陌生人不由得大吃一惊，接着听到里面传来"110、110"的呼叫声，他顿时慌了手脚，拔腿就逃。

小芳站在房间的窗口看见陌生人跑出了大楼，才从小房间里出来。实际上，小房间里既没有电话也没有手机。她是凭机智把歹徒吓走的。

接着，她一方面将家里的大门关严，一方面打电话告诉爸爸，让其赶快回家。爸爸回家后，详细了解了家中被抢劫的情况，就赶快报案了。

在与歹徒周旋的过程中，小芳还仔细观察并记住了那个歹徒的体貌特征。警察根据她的描述，很快找到了那个歹徒，将其抓获归案。

读了这个案例，我们可以对这位学生的行为做一个较为全面的分析。

当然，她犯的错误一目了然：独自一人在家，听到有人敲门，她想都没想就去开门，这是非常危险的。遇到这样的情况，若门上有猫眼，你可以先从猫眼里看清是谁，若无猫眼，就要先问清楚再决定是否开门。完全凭想象，认为是父母回家就把歹徒放进门来了，这种"想当然"的毛病，是绝对不应该的。

但是，在出现问题之后，她没有继续错下去，而是选择时机，及时进行纠错：

第一，面对犯罪分子，特别是手持尖刀等凶器的犯罪分子，许多孩子可能早就被吓得惊慌失措了，但小芳却没有，而是镇定下来，想办法反败为胜。

第二，当坏人要撬开抽屉时，她急中生智说可能在小房间里，并得到歹徒同意去了小房间，并立即把门关上。

这是很重要的一种技巧：尽量将自己与歹徒隔开，脱离坏人的控制范围。脱离了他的控制范围，你就能变被动为主动。

第三，格外值得一提的是，在房间没有电话的情况下，她故意大声呼喊110，以这种方式吓跑了犯罪分子。

这正应了我爸爸常常对我讲的一句话："人有三分怕虎，虎有七分怕人。"

不要认为歹徒凶狠，会让我们害怕，要想到歹徒也有他的恐惧，这份恐惧有时甚至比我们更厉害。

优秀的孩子，就应该像这位初中生一样，采取有效的方法，变"我怕歹徒"为"歹徒怕我"。

第四，同样值得一提的是，在与歹徒周旋斗争的过程中，她还用心记住了歹徒的主要特征，这给公安部门抓获歹徒提供了十分重要的线索。

当我们都能这样想方法的时候，我们不仅能成功纠错，而且也会更加无畏风险与威胁。

三、自己难解决，伸出双手求帮助

1. 去除顾虑，勇于求助

2. 当机立断，及时求助

3. 聪明睿智，巧妙求助

4. 了解和营造帮助系统，危困时刻更好求助

　　许多事情成人都无法自己解决，更不用说作为未成年人的青少年。不容易解决不一定就证明自己无能，也不要因此觉得自己很没面子。

　　这时候，你在积极想办法解决问题的同时，也应该伸出双手，大胆、机智地向有关人员寻求帮助！

1. 去除顾虑，勇于求助

　　当遭受伤害的时候，一些孩子总是有这样那样的顾虑，害怕被家人知道骂自己，害怕被朋友知道笑话自己，更怕受到坏人更深的伤害……

其实这样的顾虑谁都可能有过，但是受到了伤害却一直活在顾虑当中，这样对我们来说没有任何帮助，反而会加重伤害。此时，最需要的是要去掉一切顾虑，勇于求助他人。

让我们看《大河报》刊登的一则报道——《14岁初中生常被同学殴打，不堪压力喝农药自杀》：

> 亮亮是河南汤阴县某中学的初二学生，来自农村，在学校经常遭到高年级的坏孩子索要钱物，稍有不从便会遭到一顿暴打。他们第一次抢劫亮亮的时候他没给钱，结果他被11个人围着用脚踹，亮亮被打得没办法了才交了钱。
>
> 从那之后，他就沦为"被劫"对象。他周一到周五在校住宿，周末回家，每次家里都给他10元零花钱，一回校，就会遇到那些坏孩子，不给便会遭到一顿暴打，零花钱基本都落进了别人的口袋。
>
> 一个周末，亮亮正收拾东西准备回家，突然被一个坏孩子叫住，竟然张口就要50元，还告诉他星期一带到学校来，不然就等着挨打。回家后，亮亮心里一直忐忑不安，想到星期一上学被打的场景，他又气愤又绝望。到了周日的晚上，亮亮再也无法忍受压力，用刀子割破自己的手腕后，他又喝下了从同学家找来的一瓶农药……

由于发现并送医院还算及时，他的命暂时保住了。在记者询问他遇到问题为何要采取这种极端的方式处理时，他说自己有三个"不敢"：

一是不敢向家人张口要钱，因为家里实在太穷了，父母挣钱不容易，这么多钱他实在不忍心向家里要，同时也怕父母骂他。

二是不敢向老师求助，如果告诉老师被坏孩子知道，反而会被打得更狠。

三是不敢不带钱去上学，因为这肯定会受到坏孩子的毒打。

应该说，出现上述问题，首先是那些坏孩子的责任，此外，学校也有责任，怎么能容忍这些校园欺凌事件存在呢？家长也有责任，因为没主动与孩子沟通，给孩子吃"安心丸"，所以孩子有问题也不敢向家长反映。

但是，出现这样的悲剧，孩子自身是不是也有原因呢？

对此，郑州福斯特心理咨询中心国家一级心理咨询师彭熠提醒说："对于被欺负的学生，别人的帮助是一方面，主要还是需要他自己放下包袱，克服心理上存在的问题，勇敢地向别人说出自己的遭遇。"

的确，这个孩子的心理是有问题的，他认为所有的方法都有问题，都是无效的，而且去找人帮助，不仅没有效果，反倒有害处。

实际上未必是这样。

因为事后父母反映：直到孩子自杀才知道他常受欺负，如果早知道，就不会置之不理；而其班主任也反映：亮亮从未向老师反映过自己被欺负的遭遇，也未向周围的同学提起。班主任说："就在3个星期以前，有个打人的孩子被学校劝退，如果亮亮及时反映，学校完全可以帮他解决。"

不能说家长与老师的话没有道理。

事实上，类似亮亮这种因为遇到问题觉得无法解决而不求助的情况，在青少年中并不少见，因此而自杀的孩子也并非个例。

那么，万一遇到类似这种情况，我们就要吸取这个孩子的教训，放下心里的包袱，改"不敢求助"为"勇于求助"。

2. 当机立断，及时求助

遭到伤害，最关键的一点是要把握时间，时间是求助的关键，把握时机，当机立断，及时求助才能救自己！

第一，不要错失求助的机会。

在自己遭遇危险和问题的情况下，如果及时求助，往往能让自己脱离险境，怕就怕不当机立断，错失良机。

《法制日报》曾经有一篇《浙江两起恶性强暴少女案发人深思》的报道。两起案例中的一起，说的是一个叫小雪的16岁女孩，上完晚自习回家经过公园时，被三个男青年挟持了。

本来她有三次可以求救的机会：在公园时人多，她没有呼救；后来被其中一人带到三轮车上，她没有向三轮车求救；最后她争取到打电话的机会，她没有向自己的父母求救，最终遭遇不幸。

当遭遇险境，自己无法解决问题时，就得抓住机会求助。有时机会也是稍纵即逝，如果你不抓住，等待自己的就只能是受到伤害。

第二，早一点求助，早一点解脱。

在调查中，我们发现：有不少青少年在受到伤害后，不是第一时间向人求助，往往倒是被人发现、受到伤害才被动告知，有的甚至已经受到伤害，但因为有这样那样的顾虑，还不敢向可以求助的人告知。

他们不知道这样做不仅无助于解决问题，反倒有可能使问题恶化。

在这方面，我就有过切身的体会。

我出生在一个家教很严的家庭，从小，爸爸妈妈就教育我们要好好学习，尊重老师，我也一直按此去做，老师也一直对我不错。

但没有料到，进入中学后，我遇到了一位品行极差的老师，对几乎所有同学，他的态度都很恶劣，对我更是如此，想尽办法整我们。

我由此产生巨大的恐惧，在学校里多次出现神思恍惚的情况，回到家中也害怕。当时我已经 10 多岁了，本来早几年已经单独睡，遇到这位老师后晚上一定要与爸爸妈妈睡一起。睡一起还不够，还必须开灯才能睡着。

爸爸妈妈觉察到了我的问题，问我发生了什么事。但是，我想起以往他们要我尊敬老师的话，也怕反映情况后，这位老师倒打一耙，那时也许爸爸妈妈就会来惩罚我了，于是忍着不说。

我的忍耐和拖延并没有解决问题，反倒让这位老师变本加厉。后来又发生了一件事情，我觉得无法忍受了，竟然跑到江边差点自杀。

这时，我爸爸妈妈再次主动问我，我才说出了真实情况。与我的顾虑正好相反，我妈妈主动到学校去与那位老师交涉。有一次，我们班里搞活动，那位老师又借题发挥来整我，正好我妈妈经过发现了，从来慈祥的妈妈，立即严正地向这位老师进行了抗议。从此之后，那位老师就不敢随意整我了。

我这时才感慨，假如我以前能及时向爸爸妈妈提出，该有多好啊！

真是早一点求助，早一点解脱呀！

3. 聪明睿智，巧妙求助

遭到伤害，要求助，但也要巧妙求助！可以从以下几点去做：

第一，学会留下个人的标记。

这是中国公安大学教授王大伟的建议：

如果你被劫持了，在你被劫持的路上，走到类似十字路口这些重要的地方，你身上要有什么东西掏出来一扔，后面走过来的爸爸妈妈或警察等，就会顺着这个线索找过来。这是很重要的一招。

再如遇险。在德国，人们爬山的时候，爬山队员就教他们手上拿一个红包，或者一把雨伞，如果一下掉到雪坑里了，赶快把雨伞或红包扔出去。这样后面有人过来的话，一看这儿有把雨伞，虽然他找不着你了，但他看到旁边都是雪，他会去挖你。

这就叫"学会留下个人的标记"。

第二，妙想"绝招"报警。

《城市快报》报道了一位天津大学生从传销组织机智逃脱的故事：

小张是天津市一所大学的应届毕业生，不小心被诱导到武夷山一个传销窝点中，他立即被"囚禁"起来，不仅被没收了手机电池，还被扣下了银行卡。小张想尽办法，希望赶快逃离传销组织，但他们看管得非常严，根本没有机会逃脱。

　　小张下定决心，就算没机会也要创造机会，一定要逃出这里。

　　这天，小张得知可以和另外两个人外出买菜，于是，赶紧偷偷写了一张"我是天津的大学生，被骗进传销组织，请救我"的纸条藏起来。菜买好后，小张负责给钱，于是将藏着的纸条借机夹在一张人民币中交给菜摊老板。

　　菜摊老板接过钱和纸条，看明白了意思后，以他们使用假币为由叫来了菜市场的保安。面对众人的询问，两名传销组织成员不堪压力各自离开，小张这才获救。事后，大家帮他报了警，小张终于逃出了传销魔窟。

　　其实，这个故事并不只是对摆脱传销组织有参考价值，对摆脱绑架、挟持也有借鉴意义。

　　看了这则故事后，是不是觉得小张的做法很机智呢？其实，值得学习的，是小张遇到问题不被动，而是主动想法解决问题的能力！

4. 了解和营造帮助系统，危困时刻更好求助

　　《南都周刊》曾有一篇关于"10岁男孩被父亲打死在家中"

的报道：一个名叫小威的孩子遭遇父亲家暴致死。报道出来后，读者们发现一个问题：这个孩子被打并非一朝一夕，但是却没有谁去帮助他、关心他。之后社会上引起了一场讨论，有的人提出社会各方面该如何对未成年人加强保护的问题，也有人提出一个新观点：

青少年平时也要多多了解社会有哪些帮助系统，而且也要善于营造有关帮助系统。

与上面 10 岁孩子小威被父亲打死的故事相反，面对家庭暴力，一个 12 岁的男孩把父母告上法庭，我们看看刊登在《时代潮》上的一篇名为《用法律保护我们的合法权益》的文章：

小超的爸爸和继母结婚后，他的厄运就不断。继母对他简直是非人般地虐待：一天三顿饭都不能保证给他吃上，还经常打他。小超经常被羊肉串的扦子扎、被火钩子烫、被塑料管抽打……

小超伤痕累累，他忍耐了一年后，终于有一天，继母的虐待实在让他忍无可忍了。一天，父母怀疑他偷别人手机，硬是把他捆在一棵树上，用弹簧锁和树枝抽打他，造成小超的腰、腿、背部大面积受伤。

一个 12 岁的孩子怎么能承受这样大的痛苦呢？小超实在受不了了，这时候，他突然想起了法律，之后咨询了有关老师与专家，以虐待罪把父亲和继母告上了法庭。

那两个对孩子进行家庭暴力的人，得到了应有的法律制裁，小超从此告别了痛苦的生活。

我们认为，从自我保护的角度讲，青少年的确有了解社会帮助系统的必要，同时也要善于营造有关帮助系统。

帮助系统具体可分为如下几方面来考虑：

第一，家庭及家庭附近的帮助系统。

可以是邻居，平时多和邻居打交道，热情地跟他们交往，时间久了他们也会对你有印象，关键时刻就可向他们求助。可以是小区的保安、片警以及居委会的工作人员，平时可以去认识下他们，并留下他们的电话，关键时刻好求助。

第二，与学校有关的帮助系统。

可以是老师，不仅仅局限在自己班上的老师，但凡学校的老师都可以多留意多打招呼，让他认识你甚至熟悉你；可以是同学，不和同学交恶，建立良好的同学关系，关键时刻就会有人帮助你；还可以是学校的保安，比如你在校门口遇到了小混混，这时候向保安求助是很好的方式。

第三，来自朋友的帮助系统。

这既包括学校里的，也包括其他地方的。

向朋友求助，有时是直接的求助，有的是借助朋友去求助他人。如你本来想向父母求助，但是你心存顾虑，这时由你朋友出面先帮你沟通，可能会产生更理想的效果。

第四，社会帮助系统。

这包括很多方面。如中国关心下一代工作委员会、共青团与妇联系统、媒体、公检法等，还可以是出租车司机、周围商铺的老板、面善的路人等。

我们平时就要学会营造自己的各个帮助系统，关键时候就可以向他们求助。

四、已经受伤害，理性面对创未来

> 1.与其忍气吞声，不如理性抗争
>
> 2.不要轻易离家出走
>
> 3.不要以极端方式证明自己的正确与无辜
>
> 4.不要从受害者变成伤害者

有的青少年受到伤害后，就会感到：人生太灰暗了，命太苦了等，然后他们就采取极端的方式解决，有的人会离家出走，甚至用一死了之的方式来自我解脱。

而懂得自我保护的青少年会怎么做呢？他们会以理性的方式去面对自己所受的伤害，找方法来解决问题，以向前看的方式去创造可以把握的未来。

1.与其忍气吞声，不如理性抗争

一些孩子被伤害后，不敢反抗，他们觉得对方比自己强，就算是反抗也没有用，只会忍气吞声。

其实，往往越忍耐，越会受到更大的伤害。

这时候，要明白保护自己是你基本的权利。与其忍气吞声，不如理性地站起来反抗。

让我们来看看《法律与生活》杂志上刊登的一篇名为《老师"骂死学生案"一审落幕，骂人者被判刑一年》的报道：

> 15岁的丁小婷（化名）学习很好，是班上的"三好学生"，而且擅长书法，喜欢舞蹈，她的家人也都很疼爱她，非常注重她的发展。
>
> 只可惜，她的班主任汪老师却不是一个合格的教师。因为，这个老师公私不分，而且以粗暴教育出名，就因为汪老师曾托小婷的爸爸办过两件事都没办好，这个老师感到失望，就把气撒在小婷身上，处处找小婷的麻烦，甚至还时不时诬陷和打骂她。
>
> 小婷心里很难受，她不知道要怎么办，要是告诉爸爸，可能爸爸会说自己的不是，要是告诉校长，校长也会站在老师的一边，她只好忍受着委屈。
>
> 但是忍耐只能导致更恶劣的后果。那一天，小婷明明在头天晚上定好了闹钟，可是闹钟却失灵了。她睡过了头，一觉睡到8点多，小婷连早饭也没吃就赶紧出门了，到学校时，已经在上第二节课了。汪老师用木棍狠狠地打她，还用尖酸刻薄的话骂她：

"你长得那么矮，又那么丑，而且还胖……"

就这样，老师侮辱了她一个多小时。小婷怎么能承受这样的谩骂和伤害呢？她偷偷含泪写下了遗嘱：

"汪老师您说得很对，我做什么都没资格，学习不好，长得也不漂亮……您放心，我不会再给您惹事，因为这个世界上不会再有我这个人，我对您的承诺说到做到……"

下课后，她爬上了八楼，纵身跳下。

小婷就这样离开了人世。她爸爸之后把汪老师告上了法庭，这位老师被判了一年的有期徒刑。

一个曾经的"三好学生"却被老师逼得跳楼自杀，这的确让人触目惊心，这充分说明了师德的缺失对孩子们的伤害。

与此同时，是不是遇到这种伤害，就要忍气吞声或者以这种方式进行抗议或解脱呢？答案也是否定的。

假如遇到类似的伤害，孩子们可以从如下方面去做：

第一，学会拿起法律武器。

我国已颁布《中华人民共和国未成年人保护法》（2012 年 10 月 26 日第 2 次修正），在不少方面对青少年的合法权益进行保护。此外，还有其他法律条款，也是禁止老师这种伤人行为的。

据报道，在小婷去世后，他爸爸就是以侮辱罪控诉该老师并让她被法院判刑的。假如小婷不去自杀，同样可以让这位不良老师受到法律的惩罚。

第二，求助于有关方面，如向学校投诉，学校如果不管，就可向教育局和新闻媒体投诉。

第三，联合其他受害学生及其家长，一起制止不良老师的行为。

据报道，该老师不只是针对小婷一个学生，对其他学生也有类似粗暴的举动。那么，就可与其他学生及家长们共同组织起来，向学校领导及相关方面投诉。当大家都在一起为孩子们的合法权益抗争时，效果会更理想。

第四，提高抗挫折能力，也就是通常讲的"逆商"（即勇于挑战逆境的能力）。

要知道，人生不可能一帆风顺，遇到一些不好的人和事，有时是避免不了的。这时候，我们不能消极地逃避，更不能因此放弃人生与青春，而是要在这种逆境中成长，最终让自己成为一个坚强有力的人。

第五，心里有苦不要忍着，要及时告诉能给你提供帮助的人。

2. 不要轻易离家出走

离家出走，是一些孩子追求"自由生活"或与世界"抗争"的一种方式。而促使他们离家出走的起因，往往是他们觉得在家里得不到肯定和支持，或者因为与家人产生了矛盾，干脆想气父母。

但是，这不是解决问题的办法，反倒有可能给自己和别人带来想象不到的伤害。

就因为一点小事情离家出走，一个 15 岁的女孩，被骗子从中国的东北骗到国外受苦，你能想象这样的情景吗？这是《中国日报》上刊登的一则故事：

> 小燕是吉林延边的一名初二学生。她沉迷网络，家长很担心，一直都盯着她的学习，希望她戒掉网瘾。
>
> 有一次，她旷课去了网吧，被父亲知道后就痛打了她。没想到，挨了几巴掌的小燕一气之下，居然离家出走了。
>
> 当天晚上，小燕在街上逛着，后来在一个娱乐场所认识了一个姓王的人，说带她去四川打工。小燕觉得，反正是不想回家，那还不如浪迹天涯，于是，她就答应了王某。
>
> 第二天，小燕被王某和他的朋友黄某一起带到成都，没过多久，黄某又建议小燕去"老街"赚钱。小燕连这个地名都没听过，也根本不知道这个地方在哪儿。她竟然又答应了。

其实，这个老街，是缅甸老街。她竟然被人安排非法出境到了缅甸。那么到这里有好日子过吗？没有，恰恰相反。她被安排去打工，但是，除了吃住，再辛苦也拿不到一分钱。

就这样，一年多的时间，小燕在外面过着艰苦而孤单的生活，直到有一天，她忍不住向一个原来与她要好的姐妹打电话，这位姐妹把小燕的经历告诉了小燕的家人，家人报警，才把她解救出来。

是的，孩子离家出走，与一些父母不善于处理矛盾有关，假如他们更懂得与孩子沟通交流，更懂得给孩子温暖和有效的引导，可能不会让矛盾激化到这个程度。

但是，这些离家出走的孩子有没有自己的问题呢？当然有。一些时候是因与家人产生矛盾导致情绪不能排解，另一些时候则是青少年的思想不够成熟动不动就离家出走，往往是对自己和家庭双重的不负责。

要知道：离家出走不仅无助于解决问题，而且，外面不可测的风险也特别多，弄不好，就会像这个名叫小燕的女孩这样受到欺骗和压迫，有的人甚至被引诱走上犯罪道路，还有的连性命都丢掉了。

对此，能不慎重吗？

3. 不要以极端方式证明自己的正确与无辜

当自己无辜却被冤枉的时候，或者自己的确正确但别人却逼迫自己认错的时候，一些孩子可能会想不通，他们认为既然没人信任我，没人认可我，那我就采取一些极端的方式证明给你看。

什么是极端的方式呢？就是为了证明自己的正确和清白，不惜自残，甚至放弃生命。本章节开头所讲的小婷，就是采用了"以死抗争"的方式，其结果自然让人痛惜。

再请看《大河报》的一则新闻——《西华一小学生被疑偷钱，一怒之下自断手指证清白》：

程健（化名）是周口市西华县址坊镇某小学的一男孩，13岁。有一天，在上午课间休息时，几个同学拉住程健说：

"你拿了别人的150块钱。"

程健立即发誓否认。

但这几个同学不听，把他拉到一位老师身边。这位老师也没能弄清事情真相，就要求程健把家长叫到学校来。

眼看自己就要被扣上"小偷"的帽子，程健情急之下，一边大哭，一边转身向学校食堂跑去。从厨房中拿出一把菜刀，没有丝毫犹豫，挥刀就朝自己左手的小指上连砍三刀，手指当场被砍掉。

据了解，事发的时候，程健的老师、几个同学和食堂工作人员都在一旁。

他很快被送到医院救助，幸亏医生技术好，送得又及时，手指后来被接上了。但是他当时受的痛苦是实实在在的，而且这手指以后使用还是会受些影响。

的确，出现这一情况，学校的老师和同学都有责任：学校老师没能弄清实际情况，而是采取简单粗暴的方式，就直接要家长过来，不知道这样会给孩子造成很大的压力。学校对全校的刀具等锐利器具有谨慎管理的义务，如果学生随便就能拿到刀具，那么如果同学之间或师生之间发生冲突，就很可能会出现事故。

事后，有关部门责令该校领导做深刻检查，当事教师也被责令停止工作。

但是，刀砍自己手指的程健，是不是也该反思呢？作为一名学生，如果遭到误解时不采取这种过激的行为，也有更好的方式吧？比如：

（1）首先解释。告诉对方，你没有那样做，如果解释不清，可以让对方找证据。

（2）自己解决不了，找别人帮忙。就像故事中的男孩，完全可以找老师和同学为他做证，因为凭着他的为人，怎么也不可能做偷窃的事情，有人帮你说话了，对方再嚣张也不会把你怎么样。

（3）"不做亏心事，不怕鬼敲门。"别人不相信自己，那是别人的事情，做好自己就行了，尽快忘记不愉快的事情。

如果被冤枉了，没必要采取自残、自杀等方式来证明自己的无辜，因为别人伤害了自己，自己何必"给伤口撒盐"呢？

4. 不要从受害者变成伤害者

被伤害了，当然值得同情。可是，有的孩子被伤害后，却未能把握好分寸，他们或采取过分的措施，导致防卫失当，有的则产生了报复心理，想尽办法来加害别人，以解心中的愤恨。

那么这样的结局，往往是让自己从最初的受害者变为了伤害者。有时不仅不能自救，反倒可能害人害己，甚至触犯法律，毁了自己的一生。

且看《大河报》的报道——《一位花季女死囚的泣血告白》：

> 17岁的小娟以优异的成绩考上了重点高中，都是农民的父母把她作为唯一值得骄傲的资本，全力

以赴供她读书。

可是，小娟进入高中后，一些同学经常拿她的家庭背景和方言来取笑她。小娟没有心思学习，觉得身边的人都太可恶了，她从此不爱说话，也不参加任何活动，感到很自卑，觉得似乎没有人能欣赏她。

想到家里对她的期望，想到同学们对她的态度，她严重失眠了，就这样，还是有很多同学说风凉话，让她去精神病医院看看。

小娟心生恨意，她总是在心里说：你们有什么了不起，家庭好也不是你们自己努力的结果，你们说话的音调就好听吗……

尤其是一次事件，给了她很深的刺激：期末考试前的一天晚上，她从外面学习回寝室，发现门被闩上了。她推门，刚刚还有的说笑声却一下子没了，没人愿意起床为她开门。她太老实，不想用力去拍门，怕因此影响大考前整个一层楼的同学们，就又折回外面去了。困极了，便在通道边的小破桌上睡去。第二天，又因高烧39℃而耽误了历史课的考试。

她实在受不了同学们的刺激性语言，尤其是一个叫小石的同学，对小娟的伤害最深。小娟觉得必须好好报复她。她想到化学课上学到的硫酸可以毁容，于是在冲动下，做出了一个十分莽撞的决定。

晚上，她拿着一瓶硫酸来到小石的寝室，因为室内黑暗，她根本没看清是谁的头，就直接把硫酸倒在了她认为是小石的同学头上。

结果与小石睡在同一张床上的张钰遇难了。张钰被泼上硫酸后，左耳脱落，耳孔闭合，双眼睁不开，整个面部被重度毁容。

为治疗张钰烧伤，小娟家倾其所有，债台高筑，她的父母和奶奶为此几乎精神崩溃。泼硫酸的小娟自然也为自己泼出的半瓶硫酸而付出了最沉重的代价：她被法院以故意伤害罪判了重刑。

本来是一个很有发展前途的学生，却因为一念之差，做出了让自己悔恨终生的事情。

那么，我们该从这个故事中得出什么教训呢？

（1）永远要有"底线意识"。

不管怎样，不能伤害别人的生命，不能触及法律的底线。这是永远要牢记的。因为，这不仅是做人的根本，也是确保自己不出大问题、不犯大错的根本。

（2）学会排解心理压力。

据调查，在学校中生活的青少年，有20多种不良压力，如学习压力、家长压力、人格贬低压力、经济比照压力、孤独的压力、家庭暴力压力、校内帮派暴力压力……

对孩子们而言，总有这样那样的压力需要面对，如果不能在现实中采取有效的措施解决，就要学会在心理上解决。最忌讳的事情之一，就是把这些压力闷在心里不排解，久而久之，这压力就有可能爆发，成为一种破坏性很大的力量。

为了排解这些压力，建议起码要和一两个同学建立朋友关系，同时，也可与老师或家长坦诚地交流自己的问题。这样一来，起码在心理上就将压力排解了，这种伤人伤己的事情就会少了。

(3) 正确处理好与同学、朋友的关系，也要重视寝室关系。

同学之间闹了矛盾，应该抱着把问题解决的态度去处理。遭到别人的冷遇，固然难受，但是假如不是把痛苦放到心中酿成仇恨，而是想法去主动接近别人，或者请老师或说话有威信的同学去帮助自己协调，就不至于恶化到这个程度，事情可能会往好的方向转化。

(4) 做出冲动的行为之前，想想可能给自己和亲人造成的伤害。

小娟事后忏悔，说到了自己一路走来的不容易。如几次差点上不了学，妈妈跪着要爸爸支持她上学。为了能让她上高中，爸爸卖掉家中还在生长的猪为她筹钱做学费。妈妈来看她，连中饭都没有吃就赶回去，因为家里爸爸病了，妈妈不仅要照顾他，还得干许多农活。

事后想起来，她都觉得过意不去。那么，在当时做出这个冲动决定的时候，怎么就不想想假如自己犯错，会给亲人带来怎样的伤害，会给自己的命运带来怎样的悲剧呢？

　　与其事后悔恨，不如在冲动时打住！

第三章
自我保护的十种主要方法

一、如何对付校园暴力与社会暴力

1. 主动不被动，避免成为"被宰的羔羊"
2. 实力不够时，以退为进
3. 猝不及防时，这样抵挡
4. 提防矛盾在瞬间升级并动用凶器

对青少年而言，校园暴力与社会暴力，是他们最需要重视的。教育部前部长袁贵仁，在全国政协会议上，谈起校园暴力话题时称："如果你们问，教育部现在最大的压力是什么，我告诉你们，就是（学生的）安全问题。"袁贵仁说，《政府工作报告》之所以把"安全健康"放在"成长成才"的前面，也是基于这一考虑。

面对青少年的校园暴力和社会暴力，社会、学校、家庭都要尽更大的责任，做更多的工作。而青少年作为自我保护的主体，也应该做许多自己能做，也应该做的事情。

1. 主动不被动，避免成为"被宰的羔羊"

这就是要把培养青少年对暴力风险的警觉性，提到首要位置。

警觉性包括对有风险的人、地点、环境的高度重视，如在上学和放学的时间，发现形迹可疑的陌生人，就要对他高度警惕。如陌生人有掏枪、拿刀等动作，就要立即闪开，等等，这都是大家要格外小心的。

除此之外，要提醒大家的是，一些歹徒为了更好地引你上钩，更方便地伤害你，还会用某些常用但容易被你忽视的手段。对此，我们要有相应的办法，以避免成为"被宰的羔羊"。

第一，主动不被动，轻易不上钩。

在谁胜谁负之间，主动不主动起到关键作用。歹徒总是想掌握主动权，而我们也不要陷入被动。

《京华时报》报道的《校园暴力发人深省》一文，讲述了这样一个案例：

16岁的小涛，是北京市丰台区某校学生。一次，他走到校门口时，被一位留着长发的人拦住，这位自称小泉的外校生说："明天给我带50块钱，我在校门口等你。"小涛反问他："我为什么要给你钱？"小泉恐吓道："要是明天没带过来，就给你颜色看！"

　　小涛听同学说过有人在校门口要钱的事，也知道很多同学由于害怕他们，真的给钱。但他不给。之后几次见到小泉，每次都向他要钱，他每次都不给，小泉就将"价码"不断加上去，到后来要他拿300元。

　　这一天小涛值日，留在教室打扫卫生。这时，有同学急忙赶来告诉他说：小泉带了一些人，在校门口扬言要教训他。小涛听后心想：我惹不起，但我躲得起。于是就在教室里多待了一会儿。但一会儿又有人来告诉他：那些人等不到小涛，便通过熟人把他放在校内的自行车推到校门外了。

　　这时小涛忍无可忍了。他急忙走出校门，向他们要回自己的自行车，这时十几个人将他团团围住。小泉粗鲁地质问他："我要的300块钱带来了吗？"小涛说："我不欠你钱，为什么要给你钱？"

　　小泉立即吩咐带来的十几个人将他猛揍一顿。本来小涛的个头儿有一米七几，但在他们围攻下根本无还手之力，更无法想象的是：小泉拿出随身带的一把尖刀，砍掉了小涛的3个手指头，扬长而去。

　　这个故事给我们的启示是什么呢？除了不良少年的可恨

和校园管理有问题之外，这些歹徒把小涛的自行车先拿出去，将他吸引出来，是很阴险的一招。

对此，正确的方法是，冷静下来，向警察和老师求助，再去与他们交涉，那就理想多了。但是，尽管他开始也觉得"惹不起，躲得起"，但在自行车被拿走的情况下，还是上钩了。

这一案例教育我们：

第一，任何时候都要保持主动。你一被动，乖乖上钩，就可能成为"被宰的羔羊"。

永远不要被动，丧失主动权。

第二，发现不妙，赶紧主动求助。

主动，就是不要别人提醒和催促，自己就做了。

求助，就是不要认为光凭自己的力量就够了，要善于借助更多人的力量，包括老师、同学、家长、警察及其他一切可以帮助自己的人。

且看《贺州日报》的一则报道——《面对敲诈勒索学生机智脱险》：

一天，昭平五中初二学生黄某某等一些同学去该县的体育广场踢球。踢得正起劲时，他们发现有4名形迹可疑的年轻人，悄悄走进体育广场并在他们放衣服的地方坐下。

黄某某等人见情形不对，便停止了踢球，想拿走自己的衣服。但是这几个人以借球为由，有意向他们挑衅，到后来竟然让他们拿出钱来，黄某某等人不肯。在大家争执的过程中，黄某某发现这些人中的一个悄悄走开了，黄某某估计他是去纠集同伙，便示意坐在一旁观看踢球的卢某某同学回城区报警。

卢某某立即反应过来，悄悄离开体育广场，在估计没有引起对方注意后，飞快拨打了110，同时又打电话告诉班主任和五中政教处的值班老师。

体育广场离昭平县城市区约有2公里，援兵还没有到来，那帮坏小子果然又纠集了4名同伙，手持砖头逼近黄某某等人。

黄某某等人一边与他们周旋，一边向城区转移，经过交警大队时，黄某某立即进去，并向值班人员求救。8名坏小子不敢追进交警大队，但仍在门前晃悠。就在这时，110民警驱车前来。他们一见，赶紧慌慌张张逃走了。

这个案例，给了我们几点重要的启示：

（1）发现有可疑情况，赶紧报警求援。在这方面，行动迅速十分重要。

（2）同学和朋友之间的默契很重要。你看，黄某某发现了这一情况，就暗示边上的同学卢某某去报警，卢某某心领神会，马上行动。这种默契，说明安全自护能力的培养和同学平日交流的重要性，在这关键时候起到了重要作用。

（3）去请救兵时千万不要引起对方警觉，如果被拦住，就功亏一篑。

（4）如有可能，为自己的安全设置多重保险：你看，报道中的卢某某便同时向 110 报警和老师汇报了。这样，无论哪一路人马先到，都会为另一路人马加强威慑力，更不会误事。

（5）向相对安全的地方寻求保护。援兵没有到来之前，他们就到了交警大队里面，这样对手就不敢轻易进来了。

2. 实力不够时，以退为进

布袋和尚曾有一首诗：

> 手把青秧插满田，低头便见水中天。
> 心地清净方为道，退步原来是向前。

这样的智慧，其实在我们应对各种暴力时也有用。实力不够的时候，我们可以以退为进，因为，"退步原来是向前"。

且看《今日早报》报道——《17 岁的女高中生公交车上想要回座位却被连连甩耳光》：

一天，小娟坐长途客车回学校。她坐在倒数第二排的位置，行李箱放在车前部，车开出一会儿，她起身去行李箱里拿东西，再回来的时候，一个中年男子坐在了小娟的座位上。

小娟提醒那男子站起来，说那个座位是她的。中年男子就是不让座，还说位置是空的他就能坐。小娟又对那中年男子解释自己去前面拿行李箱了，这座位确实是她的，正说着呢，中年男子旁边的一个男子，可能是其同伴，突然站起来，甩手给了小娟几个耳光，还打她的头。

小娟吓得大哭，她拿起手机，想拨打110。

打人的男子更来气了，对着小娟又是一番殴打，还把她的手机抢过去，重重摔在地上。这名男子还说，等车子到站了，再好好"收拾"她。

这时，车上的一名男乘客坐不住了，忍不住想劝劝那个粗暴的男人："人家还是小孩子，怎么可以这样欺负她呢？"

结果，这名好心的乘客也被打了几拳。

一路上，除了这名男子的谩骂声，车厢里没人敢再说话。

小娟躲到客车最后的位置上，一直在哭。她怕车子到站，还会遇到更麻烦的事。她不敢再打电话报警了，免得又受"皮肉之苦"。小娟突然想起，好像手机短信也能报警的。她赶紧查了号码，开始发短信。

过了一会儿，一辆警车拦住了这班客车，把打人的男子带走了。

看到这样一个结局，有人轻轻鼓了掌。

面对暴力，我们气愤，有些正义勇敢的孩子，往往会立即反抗。这在自己的力量与对方势均力敌或者比对方强的情况下，当然是可以的。但是，如果光凭血性之勇，要去与实力强大的对手斗，往往会吃亏。

小娟的表现，就是典型的"以退为进"：表面上看，面对暴力，自己是忍气吞声了，但实际上，却是借用短信，以无声的方式报警，结果把歹徒抓住了。

这就告诉我们：退，不是真正的屈服，而是为了更好地反击。如同一个拳头，收回来是为了更有力地打出去。

这样的结局，是不是体现了"退步原来是向前"呢？

3. 猝不及防时，这样抵挡

校园暴力和社会暴力，有即时发生的特点。可谓防不胜防，就在你眼前和身上发生，甚至想逃走都不能。

这时候，是不是坐以待毙呢？不是。

下面的这些做法，是由广东省科学技术协会、科技厅、中国科技馆主办的"公众安全避险逃生科普知识展览"举办时，讲解员结合公安局安全专家，针对"在校园里遇到歹徒怎么办"等问题，给大家提出的一些好建议，值得参考和学习：

第一，如果有歹徒冲进教室，要第一时间站起来，然后举起椅子，用椅背挡在前面护着身体，再躲到老师的背后。

身边没椅子的话，可以用书包护着头部。

如果歹徒冲进宿舍，你要尽量锁住房门，保持安静，迅速找到隐蔽的地方躲藏，避免引起注意。

在学校里碰上歹徒，如果背着书包，就用书包挡住头和胸，然后瞅准机会逃跑。假如歹徒从教室前门进来，就往后门方向逃，逃跑时要大声呼救，并朝人多的地方跑。

第二，上学放学路上，应侧身跑以便逃离现场。

讲解员告诉学生们，在上学和放学的路上要注意观察，处处留心，学会识别可疑的人。万一遇到歹徒袭击，要沉着冷静，不要惊慌失措、大喊大叫，以免刺激歹徒伤害自己。

同时，如果面对歹徒，自认为无力抵抗，则要迅速逃离现场，但应侧身跑，以防背后遭到袭击。

第三，甩掉歹徒。

如果发现被歹徒盯上，应迅速向附近的商店、繁华热闹的街道转移，那里人来人往，歹徒不敢胡作非为；还可以就近进入居民区，求得帮助。

第四，有备无患。

在包里放上一块重的东西，这东西有可能发挥作用：

一旦发现有人欲图谋不轨（听到脚步声或看到人影时，就应该伸手到包里，把这些小玩意儿抓在手里），立即先发制敌。

当歹徒伸出手来遮挡自己时，就为你赢得了逃跑时间或呼救时间。

如果有条件，还可购买并带上防身报警器等工具，这些工具尤其对女孩有帮助。

第五，仔细记下歹徒的相貌、身高、口音、衣着、逃离方向等情况，以便报警。

4. 提防矛盾在瞬间升级并动用凶器

不少校园暴力，来自孩子之间甚至是同学之间。

这个阶段的青少年，情绪往往不稳定，易冲动，尤其是独生子女的这一代，自我中心意识很强，一遇矛盾，负面的情绪就容易瞬间升温，当事人容易以极端的方式处理矛盾。

《京华时报》曾报道了一则关于"成都 16 岁学生被同学刺死"的新闻：

一天晚上，在晚自习期间，成都某校的一个班上，有同学不遵守纪律，当时老师不在场，班长出面制止未果。这时，一个姓曾的学生干部挺身而出，对不守纪律的同学进行了批评。

不料，那位被批评的同学当即撂下了一句狠话。

自习结束后，有同学在微信群上说起了晚自习上发生的事。那位被批评的同学看后，觉得太丢面子了，便在寝室熄灯后，纠集几个同学到曾姓同学的宿舍，与他理论。

双方理论了一番，不仅没化解矛盾，而且紧张气氛还有所升温，之后还发生了肢体推搡。这时候，那名来找麻烦的同学恼羞成怒，掏出尖刀，一刀捅在曾同学胸部，导致曾同学身亡。

反思这个案例，我们当然觉得曾同学维持课堂秩序的做法没有什么不对，同时也谴责那名持凶器伤人的学生，但是有一点教训是值得汲取的：当矛盾激化的时候，要格外冷静，要考虑到矛盾激化和不良情绪升温后，有可能刺激对方，让对方失去理智，做出冲动的举动。

与此同时，还得格外强调一点：目前的校园暴力有一个突出特征，在矛盾产生和激化时，有些人总是在你缺乏防备时，突然用凶器解决问题。不仅社会上的一些人针对学生时是这样，而且同学之间闹矛盾时，有的人也容易"一语不合，拔刀相向"。

　　意识到这种风险后，我们就该有警觉，在行为上就要更注意方式，尽量不让矛盾激化，同时，在与其接触时保持距离，不仅自己不能带凶器，而且也要格外提防对方使用凶器。

　　注意了这些，也就会减少被伤害的危险了。

二、如何对付偷盗

> 1. 别让小偷"盯上"你，要让自己学会识小偷
>
> 2. 不让小偷有下手的机会，让小偷下手也白搭
>
> 3. 格外警惕"慌忙出错"与"漫不经心"

说到盗窃，一些孩子真的有切肤之痛。在自己毫无察觉的状态下丢失财物的经历，让他们回想起来常常悔恨不已。

假如时光倒流，能不能更好地防盗呢？

答案当然是肯定的。哪怕你经验不足，只要你增加防盗意识，提高防盗能力，就可能更好地战胜盗贼。

1. 别让小偷"盯上"你，要让自己学会识小偷

这包括两方面：

第一，要让自己不被偷，先要想法不成为小偷的目标。

那么小偷为何会把你当成目标呢？原因之一是"见财起心"——你以你的行为举止，给小偷发出了某些信号，让他知

道你身上"有油水可捞"。

你当然不至于傻到把钱包直接亮出来让他来拿，但是，你有些无意识的动作，可能正好暴露了你的钱财。如若不信，请看下面这则报道。

《东方今报》曾刊登过一篇名为《春运，天下无贼》的文章：

> 记者在一位对小偷行为很熟悉的反扒高手"老牛"的指点下，在人多的商业街跟踪上了一位经常在此活动的小偷，他捉摸不定的眼神不停地在来往的旅客身上扫来扫去。
>
> 这时一个身穿红色羽绒服的女孩走了过来，"老牛"立刻说，注意，她被盯上了！她的手一直插在上衣口袋，一点都不自然，估计里面不是钱包就是手机。
>
> 果然不出所料，小偷盯上了她，跟着她一起进入商场。进商场时女孩子把手伸了出来，去掀门帘的同时，小偷就下手了，一眨眼的工夫小偷成功偷出一部手机。
>
> 女孩毫无察觉，接着伸手去掀第二道门帘，小偷转眼就跑了。
>
> 当女孩走进商场重新把手伸进口袋里时，大声惊叫起来："我的手机呢？怎么不见了？"

最终记者走上前跟女孩说明了手机被偷的过程，并在"老牛"的帮助下，将女孩的手机追了回来。

小偷之所以能瞄上手插口袋的人，就是因为他们知道这是女孩子的习惯，而且他们确定女孩把手放在口袋里，就是为了不让钱包或手机被盗走，可这样的做法有点"此地无银三百两"，反而更惹贼惦记。

注意你的某些习惯，不要给小偷发出有关钱物在何处的信号，以免让他有可乘之机。

第二，学会识别"扒手"。

只要你在人群中能轻易识别"扒手"，你就会对他更警惕。

那么，如何去识别呢？且听有关专家的指导：

（1）看神色。

小偷的神色与正常人的不同，无论在什么情况下或是处在什么位置，两眼总是注视着别人的衣兜、手提包、皮包、背包，目光往往游移不定。

（2）看表现。

小偷总会有反常的表现。在作案前主要有窜动、尾随、鲇挤和试探这四种表现。在公交车上他们两头窜动，在商场里他们楼上楼下地转悠，那是在物色作案对象，准备下手。在未弄清作案对象衣兜里是否有钱时，借人群拥挤或行车晃动、刹车等机会，用胳膊和手背试探"目标"的衣兜。

他们确定目标后便尾随其后，寻找下手的机会。下手前他们一般都会左右张望，看是否有人在注视他们，由于精神紧张，他们往往会两眼发直、发呆。据此我们可以识别和发现小偷。

（3）看动作。

小偷在作案时，常常紧贴被窃对象的身体，利用他人或同伙掩护，或用胳膊、提包、衣服、书报等遮蔽对方的视线。

当车上人多拥挤时，他们往往会挤到目标身旁，利用周围发生的新奇事，分散目标注意力，乘机作案，或在你走路时设法绕到对面，借故相撞，将你撞倒或把东西(提包等) 撞掉，趁着帮助收拾的一刹那进行扒窃。

（4）听语言。

小偷为了方便联络，常常使用黑语、隐语。他们把掏包称为"背壳子""找光阴"；互称"匠人""钳工"；上车行窃叫"冲车"；上衣兜称"天窗""上揣"；下衣口袋称"平台（揣)"；裤兜称"勾揣"；失主称为"羊（儿）""昏兔（儿）"。

只要熟悉了小偷扒窃的特点与规律，我们就能识别一些可恨的小偷，从而提高警惕，做好防范，不让小偷的阴谋得逞，使自己的财物不受损失。

2. 不让小偷有下手的机会，让小偷下手也白搭

小偷狡猾，小偷也心虚。他总是会选择你没加防备，或

者他觉得风险小的时候下手。

如果你不给他下手的机会，或者，你采取有效的措施，让他下手也白搭，不是就能保护好自己的财物了吗？

你可以这样做：

第一，把东西放在你容易控制而小偷不容易得手的地方。

财物要尽量放在贴身的地方，冬天的衣裤较厚，要放到里面而不是外面，尤其是不要放到后面的裤袋里。

走路时，尤其在人多的商场、车站等地，要时刻留心周围，对走近自己的人格外留心。

此外，坐车时手提包不可放到身后，也不可轻易放到座位上，关于这一点，《华商报》曾报道西安市公安局公交分局民警孙安民对乘客进行反扒教育的经验：

在一个公交车停靠点，孙安民随着乘客一起上了车。他发现一位赵女士，坐下后包仍背在外侧，车开动后赵女士看着窗外的景色。

"这样特别容易被偷。"孙安民指着赵女士背在外侧的包说。

赵女士可能还不相信，孙安民已经站在赵女士身边，只见他用手碰触了好几次包，赵女士都没有察觉。

"坐公交车时，一定不要将包背在外侧，这样很容易被盗。"

孙安民一边提醒赵女士，一边演示。"背在外侧，小偷拿个钉子就能把拉链拉开，偷走你的东西。"说话间，孙安民就用小拇指轻易地拉开了拉链。

这下赵女士和乘客们信服了。看见包那么容易就被人拉开，赵女士急忙将包放在内侧的座位中间。"这样做同样不安全。"孙安民介绍，现在就有一些小偷专门坐在座位上偷乘客的东西。

"你这样放包，不是送货上门吗？在公交车上，包一定要放在胸前。"听见民警提醒，车上的很多女性纷纷将包放在胸前保管。

其实，把包放在身前，也适合于旅游或小偷多的场合。我去美国和俄罗斯旅行时，到了平时小偷多的地方，导游也会再三提醒我们要把包放在身前。这种做法，大家都要好好记住。

第二，不管在家还是在外，要想好防备措施才能睡觉。

在家时，贵重物品要放好锁好。睡觉前要将大门反锁好，容易攀爬的窗户尽量不要打开。

在外时，如一定要睡觉，请把东西放在你能控制的地方，这样，别人一碰你的东西，你就会惊醒。

据《扬子晚报》报道，一位女大学生乘了一夜火车去上学，为了等待天亮后坐校车，她就去了火车站附近的一家麦当劳用餐并等待天亮。

坐了一会儿，她就睡意渐浓，于是趴在桌上睡起来。等到凌晨6点时醒来却发现自己随身携带的笔记本电脑没有了，惊慌失措的她立刻报警。

后来警方在调取餐厅监控录像时发现，犯罪分子看到她趴在桌上睡着了，便假装吃东西，坐到女孩身边，一会儿之后轻轻碰了一下她，发现女孩睡得很沉，就提起电脑包出门了。

那么既要睡觉又要保护财物，该怎么办呢？

可以采取双保险的措施：一是请醒着的人帮你留心。二是想办法，让别人一拿你的东西，你就惊醒。如这个女孩，可以将笔记本直接放到桌面上，手与脑袋就压在笔记本上。

这样别人一动，就把自己惊醒了。小偷一般也不敢轻举妄动。

第三，学会分隔处理，也就是不要把所有的贵重物品放到同一个地方。

如身份证与银行卡一定要分开，以免小偷偷到后直接到银行去，采取某些手段把你的钱取出或转走了。

再如，忌零整合放。在乘车前最好准备好零钱，不要每次都把钱包拿出来。这样，小偷不知道你的钱包到底在哪里，也不容易下手。

3. 格外警惕"慌忙出错"与"漫不经心"

在被盗的多种因素中，有两种来自我们自己的行为，最容易被小偷利用。因此，我们一定要重视，改变这两种不好的行为习惯。

第一，警惕万事"慌忙出错"。

慌，就是慌张、慌忙。在这方面，我有很深的教训，因为在我上大学时的一天，我就遭遇了小偷。

那一天，我去学校的书店买书。当时书店销售的世界文学名著不多。偏偏那一天，书店一下进了很多种世界名著。同学们蜂拥而上，我也很怕买不到，赶紧往人堆中挤去。

我终于挤到柜台，服务员拿出我喜爱的名著后，我去掏钱，竟然发现所有的钱都不见了！不仅如此，那时候我们都是拿饭票去吃饭，我将近一个月的饭票也没有了，我的学生证也没有了！小偷把我身上所有贵重的东西偷了个精光！

那意味着什么呢？

由于我当时缺乏经验，觉得钱放在自己身上最牢靠，所以我既没存起来，也没有放到宿舍里，而是与饭票、学生证一起，全放在自己的上衣口袋中。这样一来，我不仅一分钱没有，而且连吃饭都成了问题。

后来，还是同学为我筹了一部分钱，之后家里给我寄来一点钱，我才能继续学习、生活下去，但损失是怎么也挽回不了了。

这件事让我一辈子都牢记了遇事慌张、慌忙的可怕。

后来，在我毕业后分到省报当记者时，我专门跟随公安局的反扒高手，实地察看了小偷如何作案、警察如何把他们抓住的过程。我发现，因为忙乱而被小偷光顾的案件实在太多了，其中有一个情景使我至今记忆犹新：

一个大学门口的公共汽车站，上下车的学生很多。而且当时交通条件不好，车一来，大家都是争先恐后往车上挤，很怕自己无法挤上去。

警察叫我密切注意一个人。我发现他手中拿了一本杂志，好像要上车，又似乎在等人，到后来车快开动时他赶紧上去了，但不到一分钟，他又推开拥挤上车的人下来了。

这时候，警察立即赶上去，叫他把手中的那本杂志打开。他不情愿地打开，杂志中夹着一个鼓得高高的钱包！

整个过程其实我看清了。你知道他是怎么行窃的吗？他就是等到最拥挤、大家都慌慌张张要上车的时候，一手用杂志做掩护，另一手在杂志下面，偷偷把别人的钱包"拈起来"了！

这就是小偷的惯用伎俩：他就是要选择在最拥挤、你最慌忙和慌乱的时候下手。因为你当时的心思，都集中在其他方面，往往忘记了自己的钱包或其他贵重物品。

当你下次同样慌忙、慌乱时，你能冷静一下，慢一点，同时看护好自己的钱包和贵重物品吗？

第二，警惕"漫不经心"吃大亏。

什么叫作漫不经心？就是明明自己身上有贵重的东西，你却好像把它忘记了，而沉迷在其他事中。

再看《东方今报》刊登的这篇名为《春运，天下无贼》的文章中的另一个故事：

在郑州最繁华的街道上，在"老牛"的指点下，记者看到：

一个小偷走到一个栏杆边上，双眼盯着旁边吃甘蔗的女孩。

女孩手拿着甘蔗靠着栏杆大口大口地啃，她右手腕上挂着的手机一晃一晃的。

这个动作把小偷的心勾得直痒痒，记者想：小偷该下手了。

果然，不一会儿，小偷手里拿着一把小剪刀，装作若无其事的样子，挪到女孩的身边。

趁女孩转头的一瞬间，小偷一手先放在下面准备接手机，另一只手用剪刀迅速剪断绳子，手机到手后他立刻将手机递给栏杆附近的一个孩子。之后两个人飞快地离开了。

仅仅三秒钟左右，女孩子的手机就不见了。当她一声惊叫，要找手机时，还不知道自己的手机是被偷了还是自己"飞"走了。

其实这样的案例不在少数。当你在忘情地看书、听音乐，或是对自己的贵重物品漫不经心的时候，就是小偷最高兴而且要立即对你下手的时候！

当你身上有贵重物品的时候，你能记住有它们而且能时刻提醒自己要看好它们吗？

三、如何对付诈骗

> 1. 骗子最会利用贪念与好心，别被各种好听的话忽悠
> 2. 骗子总是善于伪装，别被骗子的形象迷惑
> 3. 骗子常常"步步为营"，不要越陷越深

1. 骗子最会利用贪念与好心，别被各种好听的话忽悠

在各种骗局中，骗子们利用最多的两种心理：一是贪念，二是好心。因此，你最需要警惕的，就是提防这两种心理被人利用。

第一，骗子总是投其所好，你不要被"诱饵"迷惑。

这是骗人者最重要的手段。

第二章讲的那个小女孩为什么会被绑架，是因为她十分喜欢小白兔。而好心的"叔叔"不仅答应送她小白兔，而且还让她去喂小白兔。

还有，当初我儿子为何跟随一个陌生人进了一个小巷子，是因为他归心似箭却等不到出租车，而那个人说穿过小巷子就

可以很快搭上出租车。

可以说：每一个"馅儿饼"的后面都有一个"陷阱"。但是，孩子们往往只被"馅儿饼"吸引。假如他们此刻多一份警惕，多想一想："这个人为什么给我这么多好处？""他这样做是不是有什么不可告人的目的？"恐怕就没那么容易上当了。

再看刊登于全国学校安全教育网的《单纯男生高考请枪手，陷连环骗局》中的内容：

王同学是一名准备参加高考的高三学生。在普通中学读书的他，成绩一直处于中下游。他渴望上大学，但自己的能力又跟不上，这让他时常如坐针毡。

最近，他在上网查资料时，无意中发现了一个代人考试的网站，如获至宝，马上拨通网站上的联系电话。

网站工作人员郑重其事地向小王介绍代考的程序，并告诉他代考总价是15000元。工作人员要求小王先交数百元的订金，等事成后再把代考的全部钱补上。不谙世事的小王觉得可行，第二天就按工作人员要求，先把500元订金汇到对方指定的账号。

随后，工作人员约他到一个指定地点见面。见面前，这名工作人员要求他再付2000元。工作人员说："这是一笔保证金，主要是防止你在见面时带记者或警察过来，如果我发现你这样做，保证金就没收了。如果你没有带相关敏感的人士过来，这笔钱会在我们见面后退还给你。"

小王犹豫半天，最终心存侥幸心理的他还是把2000元汇给了这名工作人员。接着，小王继续跟工作人员联系，这时，他才发现对方的电话无法拨通，QQ也无法联系了。小王这时才恍然大悟，自己上当受骗了！

那么，这个案例给我们什么教训呢？

（1）不管出于什么可以理解的理由，都要走正路。尤其在学习上，不要投机取巧。

（2）天上哪有这么多"馅儿饼掉下来"？

不要老想着走捷径。这个学生想通过代考，就让自己考上大学，却不仔细想一想，高考竞争那么激烈，可谓千军万马过独木桥。如果网络就可以帮你考上，而且开始时只几百元的订金，考上后才收余下的钱，这么好的馅儿饼怎么掉到你嘴边来呢？

（3）骗子的骗局总是一环扣一环的，凡是临时变卦的，往往就有虚假的成分。

如上述案例中，对方先只要几百元，后来却又加了2000元，这种临时变卦的情况，一般就是骗局，值得警惕。

第二，提防"好心"被利用，警惕善良成"愚善"。

假如你很善良，你应该得到尊敬和肯定。因为，善良与正直，应该是为人之本。

但是，对一些骗子而言，善良却是他们最喜欢利用的。他们会有意设置一些容易让人产生怜悯的情节，博取你的同情与关心，让你误入圈套。

我在浙江讲课时，一所学校的学生会干部在课堂上讲了这样一则故事：

> 十一黄金周期间，一位同学在校门口被一个女青年拦住，女青年称她在北京读书，此次来这里旅游，现在手机没有电了，想借用这位同学的电话打给她在该市另外一所学校的朋友。
>
> 这不过是一件小事，好心的同学就把手机给她了。她当着同学的面打完电话，却一副垂头丧气的样子。
>
> 她告诉这位同学：自己的朋友正好去外地旅行了，并后悔自己之前没有与朋友打好招呼，本想给朋友一个惊喜，没有料到竟然出现了这么大的失误。
>
> 之后，她大哭起来。这位同学宽慰她，也觉得有点奇怪：虽然她没有见到朋友，怎么会这么伤心？
>
> 这时，那女青年告诉她"实情"：刚才自己去

取钱，银行卡被吞了，手中已经没有一分钱，看来今晚要露宿街头了。看到这位同学露出同情的表情，她提出一个建议：向该同学借银行卡，并当场打电话给妈妈，让家人将钱打到这位同学的卡上。

打完电话之后，又"不好意思"地告诉该同学：妈妈说晚上银行不能存钱，也不会在 ATM 机上和网上转钱。她想去住对面的酒店，但刚才经过时打听了一下，需要押金 600 元，所以想向该同学先借用 600 元。之后，她再给"妈妈"打电话。"妈妈"也恳请该同学帮忙。为了取得信任，她还让该同学看了其身份证和学生证。

这位同学相信了，取来 600 元。她先打了借条，还让该同学抄下自己的身份证号码和学生证号码。之后，才接过钱走了。

第二天直到晚上 8 点，该同学一直没有收到钱，再去找酒店，发现这个女青年根本就没有住下来。这才感到情况不对，便报案了。

经查，女青年提供的身份证号码和学生证根本不存在。原来她的证件都是伪造的！

看完这则故事，不由得想起一句话："骗子也有状元才。"看她上述的做法，装得这样像，真的很难保自己也不上当。

但是，是不是就没有防备之策呢？有的，万一遇到这种情况，你可以这样做：

（1）涉及钱财时，不要盲目相信陌生人，对方越是急切地想要得到你的银行卡、现金，越要提高警惕。

（2）不要听对方的一面之词，还是要对其进行核实。

在这里，起码有两点是可以做到的：

第一，现在互联网很发达，可以直接上网核实其身份信息。

第二，不是要去对面的酒店吗，干脆陪她去。如果住宿就要登记身份证，假的就绝对登记不了。如果对方不愿意去，就知道她怕暴露，如果真正去登记，就露馅儿了。

当然，看到这样的案例，有的人不得不伤心：做个好人怎么就那么难呢？难道只好选择不善良吗？

不是要你不善良，而是要警惕自己的善良被人利用。因为，假如善良容易被人利用，就变为了"愚善"。

2. 骗子总是善于伪装，别被骗子的形象迷惑

每个骗子行骗时，都不会在脸上写着"我是骗子"，他要骗你，首先就必须取得你的信任。

为此，他们首先就会针对每次欺骗的目的、性质，以及被骗对象的特点，精心伪装自己的身份，如老爷爷、警察、保安、维修工、妈妈的同事、爸爸的朋友、热心的老乡等。

这些形象，有的善良、可怜，有的显得亲近、热情，有的显得让人尊重、敬畏。

这些身份，在当时是容易取得对方的信任的，但受骗者往往在上当之后，才会大呼："我怎么信他了呢？"

有一年，许多人被狮子座的流星雨现象吸引，不少人，尤其是孩子站在凛冽的风中去领略大自然的奇观，去欣赏神奇太空的壮景。

家住北京朝阳区的 14 岁女孩小旻和堂弟也兴致勃勃地加入了观赏流星雨的人群。为了能看得清楚，他们跑向附近的一个大操场。凌晨 3 时 40 分，两个人都有了冷意，便想回家添加衣服。

走到半路，忽听后边有人大喝一声："站住！"只见一个男人手提黑色橡胶警棍，出现在姐弟面前。问他们是什么关系，要查看他们的学生证。姐弟俩以为此人是夜巡人员，放松了警惕。姐姐拿出了学生证，弟弟没有。"夜巡人"陪他们往家走去。

在离家还有 300 米的地方，"夜巡人"对堂弟说："你回去取学生证，我和你姐在这儿等。"小旻的堂弟赶紧回家去了。当堂弟和家长从家跑出来时，前后仅 15 分钟的时间，姐姐和"夜巡人"都不见了。

他们去哪里了呢？原来他刚走，男子随即又骗小旻说要去派出所一趟，并将她带到了小树林中强奸并杀害。

后来，此案告破，歹徒也被处决了。但是，此案的教训是十分深刻的。

那么，遇到这样的情况，我们该怎么办呢？

第一，要大胆对对方的身份进行怀疑，不能他讲什么就信什么。

就这个案例来说，有几点是值得起疑的：为什么在凌晨时分治安人员要查学生证？看流星雨又不犯法，有什么理由来查？为什么查看完学生证后还要去派出所呢？所谓的联防队员在盘查时，为什么没有要求对方出示证件呢？假如被要求去派出所，我们最起码要问问是为什么，就算要去也要通知自己的监护人。

而且在被盘问时，你还可以要求对方出示证件。

第二，在对方身份不明的情况下，绝对不能他让自己做什么就乖乖照做。

在这个案例中，犯罪分子是十分狡猾的。他先是以查学生证的方式把姐弟俩威慑住，之后并没有立即带走，而是带到了离他们家才 300 米的地方。这样孩子就少了一分疑心，但他的目的就是要支走男孩。

如果两个孩子不是那样听话，而是要求那男子一起到家里去，他不去就呼喊，那么结果可能就是家人会快跑出来帮助孩子，或者是歹徒被吓跑，也许就不会出现这样的事情了。

记住，对陌生的人，绝对不要轻信，更不能在他面前做乖乖的孩子！

3. 骗子常常"步步为营"，不要越陷越深

分析许多骗子行骗成功的案件，几乎都有一个特点：

他们不会一开始就让你吃亏，也不会一开始就让你起疑。

恰恰相反，他在开头，一定会做好两件事情：一是取得你的信任，二是激发你的欲望。然后步步为营，直到让你落入他精心设置的骗局中。等你反应过来的时候，往往为时已晚。

且看《海峡都市报》中一篇名为《18 岁男孩扮 32 岁处长骗走女大学生手提电脑》的文章——

林同学刚刚大学毕业不久，在家待业。一天，她在上网用 QQ 聊天时，无意间加了张某为好友，聊得很开心，张某自称自己是某单位的处长。

在聊天中，当她向张某透露自己用的是笔记本电脑的时候，张某心动了，他心想：要把她的电脑骗过来。

他想法去套林同学的需求，终于套到了：林同学说想要找人帮忙装个电脑视频软件，张某立即答应林某自己能帮她，让林某和他见个面，把电脑带上。

林某觉得电脑太重不方便，就没有答应。

但张某没死心，继续探林同学的底。当她了解到林某正愁着找工作时，他又告诉林某说：

"我认识一个银行行长，只要我和他说一声，你的工作一定能解决。"

林某喜出望外，她想：这个网友还真是个好心人，可是毕竟没见过那人，还是小心为好，只要见面后，看看他的证件，也就能确认他的身份了。

见面之前，张某还特意提醒林某，一定记得带上电脑，需要下载银行的业务软件。

他们见面后，林某看了对方的证件，确实没有问题。张某借口说自己的家具坏了，希望林某陪他一起逛逛买件新的。林某觉得人家都能帮忙解决工作的问题，这点事情也没什么。

他们骑着电动车一直逛到下午6点多，张某说口渴了，就到路边的奶茶店买奶茶喝。

林某的电脑一直都背在身上。张某脑袋一转，说："你背着电脑太沉了。这样吧，你把电脑放电动车上，我看着。你去把剩下的奶茶打包，我们带回去吧。"

有了这么长时间的交流，林同学的警惕放松了，加上已经看过对方的证件，她就乖乖把电脑放在电动车上，转身去打包。

正在打包时，她听见电动车启动了，回头一看，张某带着她的电脑一溜烟跑掉了。

这时，林某才恍然大悟，她马上报了警，张某最终被刑事拘留，而他的证件也是假的。假扮 32 岁处长的他，实际上还是一个 18 岁男孩。

从这个案例中，你看出什么规律来了吗？

那个骗子，前面做的所有一切，都是为了获得对方的信任。当取得对方的信任后，最后的"绝招"就用上了：让女孩把一直背着的电脑给他看着。

这教训实在太深刻了。如果你遇到这种情况，可以这样做：

（1）对陌生人，尤其是网上刚认识的人，不管他吹得天花乱坠，也不要轻信。

（2）对身份证不要盲目相信。

因为现在造假的技术太高超，身份证造假是常用的手段。你要确认他证件的真伪，可以问清他在哪个单位，给他单位打电话核实，还可悄悄到他单位门口，去看上下班的人中有没有他，等等。是狐狸总会露出尾巴。

（3）直到最后都要保持警觉。

应该说，一些人对骗局还是有所防备的。但要重视的是，骗子设局，往往也会考虑到你的顾虑，此招不成，就换另一招，直到最后一招出来，让你后悔莫及。

　　整个骗局都是为了最后一步！

　　所以，直到最后一刻，你都要保持足够的警惕！

四、如何对付敲诈

1. 不要轻易成为那个好捏的"柿子"

2. 撕开各种敲诈的假面具

3. 从"要么……要么"的思维圈套中解脱出来

所谓敲诈，就是用暴力和恐吓等手段，从一个不情愿的人手中索取财物。有时会有暴力，但更多的是恐吓。从一定程度上讲，更像一场征服你的心理战。

敲诈是不少孩子会遇到的问题，也是校园暴力中常见的方式之一。

该如何面对敲诈呢？

1. 不要轻易成为那个好捏的"柿子"

《法律与新闻》杂志上刊登了这样一则故事——《女大学生自称黑老大"干孙女"演绎闹剧》：

　　来自不同地区的几个同学丽丽、琪琪、欣欣、露露和李娇（化名）住在一个宿舍，一开始一切都很正常，可是到了下半年，李娇每天都会接打很多电话，几个女孩了解之后知道舍友李娇和黑社会有关系，居然还是一个黑社会老大"阿公"的干孙女，李娇被称作"大小姐"。

　　李娇告诉舍友们，阿公对自己非常疼爱，那帮人除"阿公"外都听她的，而这个"阿公"对自己的疼爱到了极点，"不能让自己受一点点伤害"。

　　一天，李娇接到一个电话后，在宿舍里说"阿公"让她一个月减肥30斤，每减5斤就能保护宿舍里的一个人，否则5个女生全家都要消失。

　　女孩们吓得不知所措，甚至连话都不敢讲。她们只好一起凑钱为李娇减肥。几个女生为了避免伤害，上网查找减肥方法，为李娇买来各种减肥药品，还凑了许多钱给李娇去美容院美容。

　　随后，李娇的要求越来越多，要求美容的项目也越来越高级，几个女孩只好编出各种用钱的借口骗家里人，给李娇凑齐巨额的费用。

　　不光如此，李娇还对宿舍的每个人发号施令，就像一个手握"生杀大权"的女王。只要李娇对其中的一个同学看不顺眼，就让其他人去打她，必须用针把她的手扎出血来。几个女孩为了自己和家人的安危只能尽心供奉这位"女王"。

这件事一直持续了几个学期，直到其中一个女孩无法忍受，逃出学校不参加考试，最终，在老师的再三询问下才揭开这个事件的真相。老师告知家长，一起向公安局报案，她们的噩梦才算结束。

原来，李娇口中的"阿公""海叔"等黑社会的人，根本就是子虚乌有，全都是她自己想减肥、美容又无力支付花销，编造出来的谎话。然后通过接电话，"指使"别人，或传"指令"，对室友进行威胁、恐吓，李娇从几位室友手中勒索钱财达5万余元。

之后，因涉嫌敲诈勒索，李娇被逮捕并被判处有期徒刑6年。

看了这则故事，想必大家既气愤又惋惜。气愤的是在大学中，竟然还有李娇这样的败类。惋惜的是这些大学生，竟然在这样一场敲诈的骗局中，还如此懦弱，并相互伤害。真的是太让人失望与痛惜了。

实际上，被敲诈时选择一味忍让的青少年，真不是少数。形象地说，在敲诈面前，他们都成了一个个好捏的"柿子"。

那么，从这样的案例中，我们能得到什么教训呢？

第一，要有足够的勇气与邪气做斗争。

面对丑陋和不公平的现象，必须培养正气与勇气。

第二，学会识破和拆穿谎言。

恐吓是敲诈者常用的手段，而欺骗与敲诈常常相关，这时候，不要听风就是雨，要学会冷静地分析，判断其哪句话是真哪句话是假。像这几个大学生，竟然被一个假的黑老大"干孙女"骗这么久，从来不起疑，说明她们根本就没有认真分析与思考，真是悲剧。

第三，逆来顺受只会带来更多更大的伤害。

怯懦服从不是自救，反而是愈演愈烈的摧残。

在这个案例中，几个女大学生选择的都是逆来顺受，不断退让，但是退让的结果，却是让坏人得寸进尺。正如事后有人调查披露的那样，一开始，"大小姐"可能只是要敲诈一点钱，但看见她们那样听话，之后不仅要的钱越来越多，而且俨然把自己当成了"女皇"，随意侮辱她们、伤害她们，这就是纵容坏人的结果。

第四，要学会集体斗争。

本来应是人多力量大，在这里却是这么多人怕她一个人，的确不正常。

其实，如果是同学集体受敲诈，就要发挥集体的力量来做斗争。不仅如此，如果很多孩子都受到了伤害，那么孩子可以回去告诉家长，家长们也可集体为保护孩子做斗争。

2. 撕开各种敲诈的假面具

为了防止敲诈案件的发生，我们除了不做坏人"青睐"的人，也要对犯罪分子实施犯罪时的假面具有所了解。撕破这些假面具，敲诈者便不会轻易得逞。

第一，诬赖法。

就是先采取诬陷的方式，使你陷入某种不利的境地，继而进行敲诈勒索。如在社会上，有些犯罪分子就是用名酒瓶装上劣质酒，故意使被敲诈人将酒瓶撞碎，然后要对方赔钱。这就是诬赖法的表现。

且看《海南特区报》的报道：

在海口市秀英港某中学读初一的男生小宁（化名）步行去上学，突然，从小巷拐角处蹿出一个男青年，他用身体故意冲撞了小宁一下，险些将瘦弱的小宁撞倒在地。

"你没长眼睛啊？走路要看着点！"该青年对小宁嚷起来，小宁连说自己不是故意的。正当小宁要走时，前面路口跑出一个男子，说："撞了人就得赔钱！"

之后，两个气势汹汹的男青年不仅拿走了小宁身上仅有的10多元钱，还将小宁的手机夺走。之后说："晚上放学我们还来找你，记住了！"当天晚上放学后，小宁在校警的陪护下才敢回家。

这种做法，就是诬赖法。明明不是他撞别人，反倒诬赖他撞了，还要他赔偿损失。

那么遇到这种情况该怎么办呢？

（1）警醒一点，不给别人诬赖自己的机会。尤其在某些地段和位置，自己要格外小心。

（2）出现情况，不要轻易道歉。可冷静、客观地说明情况。假如你糊里糊涂一道歉，他就更容易得寸进尺。

（3）如边上有人，尽量争取别人做证与帮助。

在这方面给大家分享一下我的一段经历：

多年以前，我推着自行车经过一个服装摊，突然，边上放着几件衣服的架子倒了。这时摊主恶狠狠地说是我推倒的，要我赔钱，赔的数目还不少。

我明明碰都没有碰，怎么会推倒别人的摊子呢？我立即向周围的人求助，问大家有谁看到我推了没有。

一般人都不作声，一个仗义的老太太发话了："这小伙子没有碰，我明明看见是你碰的。"那摊主还要威胁老太太，老太太立即说："你敢动我一下试一试？你不动我，我还想向工商局投诉你敲诈人，你竟然还敢动我？我们一起去工商局吧。"看见老太太这样有正气和勇气，边上也有人做证说我根本没有碰。最终的结局是：摊主不仅没有让我赔钱，而且还被大家好好教育了一番，老实下来。

不要认为世界都那么黑暗，有时也要相信周围有正直勇敢的人。

（4）如遭遇敲诈后真的造成了损失，赶紧向老师、家长汇报，或直接报案。

第二，"如果你不……我就告诉你父母……"

有的孩子，家长要求很严。最怕的事，就是被家长知道自己做了会让父母很不高兴的事。尤其那些曾因自己的某种原因挨过父母责备和打骂的孩子，更是会因为某一点事情没有做好，就不敢向父母如实说。

于是，一些坏蛋抓住了这种心理，就以此为把柄，来要挟和敲诈青少年。

这一来，一些孩子为了不让父母知道自己的秘密，就多做一些傻事来弥补和掩盖。越如此，越会受到犯罪分子的"青睐"，因为他们可以以此控制青少年，或是以此敲诈钱财。

厦门市湖里区青少年维权网刊登了这样一则故事：

> 16 岁少年小黄向同学借了 100 元钱，同学却要求他写欠条。但不是写借 100 元，而是要求写上欠款 10 万元。如果不这样，就要将借钱的事情告诉小黄的父母。

小黄太怕父母知道自己向同学借钱的事了，于是乖乖写下了这样一张借条。

之后，他的噩梦就开始了。那个同学不断向他要钱。为了还掉这笔糊里糊涂的债，小黄只好去打工挣钱还债。但是微薄的薪水怎么够还债呢？他竟然把心思放在了其他地方。

一次偶然的机会，小黄捡到了老板丢失的店门钥匙。老板找了一遍没找到钥匙，也没有换锁，只是找出备用钥匙来使。

看到老板没有换锁，小黄觉得机会来了，就趁老板外出将店里的小保险柜搬回了家，撬开保险柜，拿出里面的黄金制品、手表及现金。据司法机关查实，保险柜里的物品总价值5000余元。

由于他是表哥介绍去那家店里打工的，他和保险柜同时失踪，立刻引起了老板怀疑，表哥立刻打电话给小黄的父母。在父母的追问下，小黄承认了偷盗的事实，并把保险柜连同全部赃物都还给了老板，向公安局投案自首。经审问，警方才知道了他被迫写那巨款借条的内幕。

看了这则故事，我们真有点啼笑皆非。有的同学也许会说：为了100元的借款，竟然就写了10万元的欠条，是不是"脑子有点进水"了?

我们发现小黄这样做的确够愚蠢,小黄因此而走上了犯罪道路,更是错上加错。但是分析起因,却是因为怕借钱之事暴露,从而导致小黄一错再错。

那么,该怎么办呢?

(1) 自己得弄清楚:难道对父母的恐惧,比接受别人的敲诈更可怕吗?哪个更重要,哪个更不重要,仔细一想就明白了。

(2) 要明白接受敲诈,往往意味着噩梦刚刚开始。因为敲诈的人一般不会就此收手,而有可能变本加厉。

(3) 如果发生这样的事情,自己不敢直接告诉父母,可以请老师、同学、邻居等去帮助你说。有别人的帮助,父母一般不会那么严厉地对你,说不定更能理解你,帮助你走出困境。

第三,"我有你的把柄,不听话就有你好看。"

"把柄"是敲诈者最常用的手段之一,所谓"把柄",就是某些自己觉得不太好的事情,或者曾经做过的不好的事情很怕人知道,甚至一想到他人知道,自己恐怕就会坐立不安。

于是,这也成了歹徒利用的手段。

但是,我们也能找到应对方法。

《扬子晚报》刊登过一则新闻:

女孩珍珍正在家中洗澡,正当她擦拭身体准备去卧室时,突然看到窗户上有一只手正在拨弄窗帘,

　　珍珍大叫一声立刻关灯，在黑暗中穿好了衣服。

　　几天之后，突然发现家中被人塞进来一封信，打开一看，珍珍吓坏了。原来是有人以拍到珍珍裸照为由向她敲诈一笔钱，珍珍立刻想到几天前的那次经历，顿时不寒而栗。

　　非常害怕的珍珍手足无措，思量很久之后她还是选择了报警，并重新办了一张电话卡和犯罪分子取得了联系。

　　为了获得犯罪分子的信任，她一直表现得很顺从，并机智地和他周旋，想要获得他的名字或QQ号码，最终获得了犯罪分子的QQ号码。

　　在一遍又一遍的回忆中，珍珍觉得自己当天洗澡时间很短，应该不会被拍到，于是要求对方把照片发给她看一下，可对方一直回避这个问题。

　　聪明的珍珍产生了怀疑，可她还是答应了给犯罪分子交钱，并通过手机短信和对方交流，在送钱的过程中，犯罪分子却强调让陪同在珍珍身边的同学离开，珍珍立刻意识到犯罪分子就在附近，于是将这个信息报告给了警察，随后这起案件成功破获。

　　犯罪分子果然就是珍珍的邻居，一名叫刘宁的青年。当时他只是路过珍珍租住的房子，听到屋里哗啦啦的流水声，他好奇地透过随风飘动的窗帘往里看，看到一个年轻女孩正在擦拭身体，他更加好奇，于是就想把窗帘扒开一些，结果惊动了珍珍，并在珍珍的尖声呼救中仓皇逃回了家。

事情过了几天后，有债主上门向刘宁催债，而他此时又是囊中羞涩，于是便有了邪念，想利用女孩怕曝光的心理，以拍到珍珍裸照为由向她敲诈钱财，并写了封敲诈信塞到她家里。

他没有料到的是，珍珍经历了开始时的慌乱之后，不吃他这一套，并以自己的聪明才智让他露出了马脚，并被警方抓获。

一旦你在生活上遇到和珍珍一样的威胁，该怎么办呢？

（1）不能因为害怕就任人摆布，而要像珍珍那样，冷静地想一想自己是否有把柄被人抓住。

（2）然后，不要让害怕心理占据上风，也不盲目听从犯罪分子的要挟，而是向警方等方面求助，摆脱敲诈的噩梦。

（3）不仅不被对方敲诈，而且要想出有效的手段反击，把歹徒抓住。

3. 从"要么……要么……"的思维圈套中解脱出来

遭遇敲诈时，犯罪分子最常用也最管用的一个套路是："要么……要么……"

如"要么给钱，要么挨打""要么把东西给我，要么我把你做的坏事告诉老师""要么每星期给我钱，要么我把你妹妹杀掉"等，这样的话常常使青少年慌张无措。

表面上看来，是让受害者做选择。实际上是一个思维陷阱：他将两种不好的方案摆在受害者面前，一种是他要获得利益的方式（如给他钱），另一种是给受害者更大危害的方案。

孩子的思维是简单的，一比较，觉得尽管给钱这样的要求过分，但比起那种更可怕的方案来，还是更好一些，于是就乖乖地听从那些人的摆布了。

那么，该怎么去识破这个圈套呢？

（1）"要么"的那件事，真的就那么可怕吗？

就像前面那个被迫写 10 万元借条的案例，敲诈他的人，是要把他借钱的事情告诉父母。受害者最怕的就是告诉父母。

但是告诉父母真的就那么可怕？哪怕他后来偷了老板的保险柜，父母当然也伤心和生气，但还是没有对他怎么样，还带着他一起去公安局自首。回想当初他那样害怕父母，是不是过于夸大了呢？

（2）"要么"的那件事，真的会成为现实吗？

《北京晚报》曾有一篇名为《女学生长期遭人抢劫不报案　青少年防范意识堪忧》的报道：

石景山某中学的几名初中女生连续多次被一男

子抢劫钱财，但这几名十三四岁的女学生一直没有向家长、学校或者警方反映情况。

后来这名歹徒落入法网。一调查，几名女学生之所以好久没有揭发这名男子的抢劫罪行，就是因为落入了歹徒"要么……要么……"的心理圈套。

且举其中的一例：

14 岁的女中学生小婷被一个名叫申强的歹徒拦住。这个家伙 30 岁，曾因盗窃及寻衅滋事被劳教过，后无业。

他拦住她，要她在一个星期之内给他准备 300 元钱。她一时走开了。没有料到，过了不久又遇到了他。他要她立即给钱，她躲不开，只好说："我没准备好。"

申强便威胁道："要么给我钱，要么我就找人把你卖到东北去，你还能上学吗？"

小婷很害怕，就从同学那里借了 40 元给了他。

申强便一次又一次在小婷家附近等着她，小婷每次回家都绕道走，后来申强干脆坐在小婷家楼门口对面的小卖部前，只要碰到小婷就劫住她。这样申强前后从小婷那儿劫走了差不多 300 元钱。

其他一些被敲诈的同学也有同样的遭遇。

细思一下这个坏蛋为什么得逞，是不是也与这种轻信"要么……要么……"的思维方式有关？

把你卖到东北去？这能轻易做到吗？如果你跟家里讲了，邻居都知道了，大家一起向公安局报案，他还有前科，他自己也许都会吓个半死，还能卖你吗？

其实，那完全是歹徒为恐吓你而编造的一个谎言。你信，就上当。你不信，就从圈套中跳出来了。

（3）真的就"要么……要么……"了，没有其他选择了吗？

这个圈套的一个关键点，就是让你误认为只有两种选择。其实，你还有更多和更好的选择。

安徽多家媒体，曾经以"安徽小学生遭班干部勒索曾被逼吃屎喝尿"为题，报道了在蚌埠怀远县一所小学，班主任授予一个副班长小J检查作业和背书的权力，不料这个小J，竟利用这份权力，先是要同学们送零食给他，之后还变本加厉，要大家送钱给他。如果不给，就不能通过检查，甚至要被逼吃屎喝尿。

不少孩子怕了，就只好给他送钱，有一个叫作小强的孩子竟然送了几千元钱给他。这些钱都是从家里偷的。家长发现有问题，才逼孩子说出实情。

之后家长相互一问，才大吃一惊，立即向有关部门报案。

才结束了这件荒唐而且让人心寒的事情，最后，班主任和校长被停职。

　　那么，孩子们为什么会上当呢？他们认为只有"给钱"和"吃屎喝尿"两种选择。他们从来没有想到：他们可以反抗这个坏学生，主动与父母交流。当后来看到班主任和校长都被停职的时候，也许他们才会恍然大悟：原来还有其他方式，有其他更好的选择啊！

　　如上所述，敲诈依靠的是暴力，但更多的是恐吓。从一定程度上讲，更像一场征服你的心理战。只要你识破他们的圈套，增强你的勇气与智慧，就能更好地战胜敲诈者。

五、如何对付抢劫

> 1. 小心风险在不经意时降临
> 2. 警惕坏蛋"声东击西"
> 3. 对手太强时，可"示弱"和"舍小保大"
> 4. 先想办法脱离控制，再想办法制服歹徒

抢劫，亦称打劫（强盗），是指以暴力或威吓，夺取对方对某物所有权的一种犯罪行为。与盗窃不同，绝大多数抢劫都包含了暴力的成分；与绑架不同，抢劫主要侵犯的是财产所有权，而绑架侵犯的是人身权利。

明确了这一点，对我们应对抢劫，有重要的价值。

1. 小心风险在不经意时降临

被打劫，谁都不乐意。但发生抢劫事件后，不少人都会惊呼和后悔：怎么当时就没有留意呢？

的确，有时候悔之无及。因为风险往往是在不经意的时

候降临的。

假如你是一位女大学生，而且就在自己学校的教室自习，你相信自己会被抢劫甚至被杀害吗？

恐怕大多数人不会相信。

但是，这种骇人听闻的事情的确在现实中发生了。且看湖北经济电视台的一篇报道：

王某是武汉一所高校的大学生，因为家庭经济困难，他买不起手机，一天他偶然听同学说，自习室可能有人落下手机。王某便动心了，但他想的不是捡而是去抢，而且没有去自己所在的学校，而是去了挨着自己学校的另一所大学。

他想得很周密，事先考虑到万一被抓住时就反击，因此，还特意拎了一个装着剪刀和雨伞的袋子。

那天正是端午节，他来到教学楼后，到处寻找目标。在一间教室里，他发现一名女生戴着耳机，独自学习。

锁定目标后，他假装学校工作人员，到其他教室对一些同学说，今天是端午节，教室要提前关门，把他们清走了。之后，他来到这名女生所在的教室。女生对即将发生的悲剧一无所知，还在埋头读书。王某把门窗反锁，很快将女孩的手机抢走了。

之后，他见教室没有其他人，更加胆大妄为起来，强奸了这名女生。之后，他害怕女生报警，竟拿出剪刀，对着女生的前胸、后背和脖子连续捅了160多刀，导致女生死亡。

看了这样一则新闻，想必大家都难以相信：一名大学生在教室里自习，竟然惹上如此灾难！而且杀人的不是其他人，竟然也是一名大学生！

这事说明了社会的复杂，青少年学生法制教育和生命教育的薄弱，也说明这个学校的管理确有很严重的问题。

但站在自我保护的角度来考虑，是不是这名女生的安全意识有所欠缺呢？当教室中只有自己一个人的时候，是不是得多一点风险意识呢？

据报道，王某原打算在另一间教室对另一名独处的女生下手，但那名女生看到他拉窗帘后，就赶紧收拾书包离开了。这个女孩是幸运的，她可能根本没有想到：自己一个小小的离开举动，就使自己避免了一场杀身之祸。

但是，缺乏风险意识的青少年可真不少。2014年秋季开学，中央电视台等媒体连续报道了多起大学生上学途中被人绑架、抢劫和谋杀的案件，其中有不少原因，也与这些学生缺乏风险意识有关。

《齐鲁晚报》的一则报道，让我们可以从一个角度看到某些学生如何缺乏风险意识：

> 山东农大两名女生旅行，不知道该怎样去徂徕山森林公园。这时正好有一个无业的郑某路过，见她们样子很单纯，就打上了抢劫她们的主意。
>
> 于是，郑某主动走上去向她们介绍：有条野路，翻过去就是徂徕山森林公园，他可以领着两名女生找路。
>
> 这两名女生乖乖地听了他的话，于是，在一偏僻处被他抢劫了。

如此缺乏风险意识，怎么能不吃亏上当呢？

是的，要避免抢劫，就得时刻对可能降临的危险保持高度警惕。怎么警惕？专家提出了如下意见：

第一，不要露财，把贵重物品放置好。不要大手大脚地花钱，更不要炫耀家里有钱，避免祸从口出。

第二，去银行取钱时要注意周围环境。到银行存取大额款项要有人陪同。输入密码时，谨防他人窥探。

第三，尽可能不随身携带贵重物品和大额现金。

第四，只要是公众场合，不管是室内还是室外，只有自己一个人时，一定要对任何走近自己的人多一分警惕。

第五，路上看到可疑的人，不要与他们说话，要尽量远离他们，即使交流也要多长一个心眼，多留一层防备，以免上当受骗。

第六，尽量不要在人少的地方行走。

第七，当发现有人跟踪或紧急向自己靠拢时，应该快速改变行走路线，向行人集中的地方行走，或就近进入热闹的商店或有治安人员的地方。

2. 警惕坏蛋"声东击西"

在防备歹徒抢劫时，不仅要防备单个的歹徒，而且要防备团伙作案。

而团伙作案，为了达到最理想的目的，他们经常是从两方面着手：

一方面是打掩护，这就是"声东"；另一方面，即抢劫东西，"击西"——这是他们真正的目的。

这是现实中的一个抢劫场景：

一位衣着华贵、手戴金手镯的女士在人来人往的火车站广场上行走。突然一个男子抱住了她的一只脚。

女士惊慌失措，大声问道："你要干吗？"

就在这时，又凑上来两个男子，他们分别抓住她的左右手，快速抢走了她手上的包和金手镯。之后，三个人很快就跑掉了。

你知道歹徒抢劫的这一招叫什么吗？叫作"声东击西"。

声东——拖住腿，让人不知发生什么事，惊慌失措。

击西——抢走他们早就盯上的财物。

你在防备抢劫时，一定要了解这种手段。其中的关键，就是不管有什么突发的事情，脑袋一定要快速地想到：这说不定是歹徒要抢自己的东西呢！千万不要乱了分寸，要立即机警地想到保卫好自己的重要财物。

你也许认为这很难。当然，对突然发生的事情，人们往往惊慌失措，但是，如果你有了这样的意识，事到临头，也许就一点都不难了。

如若不信，不妨看下面这个 5 岁的小孩，是如何机智勇敢地战胜抢劫的歹徒的：

　　一天下午，这个孩子的爸爸把他从幼儿园里接出来开车回家。开到一个红绿灯前正要拐弯，突然从旁边蹿出来两个骑车人，啪的一声拍了他们的汽车一下。孩子的爸爸停下车问他发生了什么事，那个人说他们的车撞到他了。

　　孩子的爸爸说："我的车速非常慢，怎么可能撞到你呢？"

　　正说着，他爸爸突然发现其中一人一拳打过来了。他爸爸连忙把身体一闪，对方没有打中，那个人撒腿就跑，他爸爸拔腿就追。

孩子坐在车上很害怕，眼泪也差一点儿流下来。就在这时，他突然想起爸爸常告诫他的话：一个人在车上的时候必须把所有的门都锁好。于是他飞快地按下了门锁，把车门和窗户都关好了。

说时迟那时快，另外一个人果然跑回来伸手拉门。但是，不管他怎样使劲，车门就是打不开。孩子的心紧张得怦怦乱跳，但一直坚持着。很快，爸爸抓着另一个人渐渐跑回来了，那个拉车门的人一看情形不对，就赶紧跑了。

之后，他爸爸把那个被抓住的人送到了派出所。从派出所归来的时候，爸爸告诉孩子，这两个家伙就是配合起来抢劫的：他们一个谎称对方撞了他，当司机从车里出来与他理论时，一般都不会锁车门，另一个人就从另外一侧拿走你车上的包。

之后，爸爸谈了当时的心理："我跑去追人的时候突然想起没锁车，回头看到另一个人拉车门，而我又不能回去，我惊出一身冷汗。他如果打开门用孩子威胁我，那后果真是不堪设想。但看见他打不开车门，我就知道孩子把车门及时关上了。"

最后，爸爸夸赞孩子说："你用你的机智，保护了自己，没有你的机智，爸爸可能就不会抓到其中的一个抢劫犯。"

看了这个故事，是不是你也很佩服这样机智勇敢的孩子呢？

当你遇到同样的情况时，是不是也能如此处变不惊，战胜抢劫的歹徒呢？

3. 对手太强时，可"示弱"和"舍小保大"

遭遇抢劫，我们要根据具体情况采取不同的措施。

如果具备反抗的能力或时机有利，就应发动反击。比如在闹市中，可及时呼喊，以得到更多人的帮助。在与对手僵持不下时，可利用有利的形势和身边的砖头、木棒等自卫的武器使作案人短时间内无法近身，以便引来援助者并对作案人造成心理上的压力。

但是，在"敌强我弱"时，则要学会"示弱"和"舍小保大"。

所谓"示弱"，就是不与他硬拼，更不要因为保卫手上的钱，而让自己的身体受到伤害。

这里有一定的技巧。

第一，巧妙麻痹作案人。若处于作案人的控制之下而无法反抗时，可按作案人的要求交出部分财物。

第二，若身处僻静的地方或无力抵抗的情况下，可以考虑放弃财物。

第三，注意观察作案人，尽量准确记下其特征，如身高、年龄、体态、发型、衣着、胡须、语言、行为等特征。条件许可的情况下，可趁作案人不注意时在其身上留下记号，如在其衣服上擦点泥土、血迹，在其口袋中装入有标记的小物件，在作案人得逞后悄悄尾随其后，注意逃跑去向等。待处于安全状态时，尽快报警。

在这方面，海外有些专家和机构的意见，也可借鉴。

《广州日报》等媒体，曾经报道了"连串留学生海外安全案件引发各方关注　中国留美学生自编《安全手册》网上发布"的新闻，分析多个中国留学生在海外遭遇抢劫的案例。

其中一个案例，是在澳大利亚留学的小闽遭遇抢劫的经历：

> 一群小混混模样的青少年冲向小闽，问他有没有钱，小闽说没有，他们就走过去准备抢劫车厢里的一名妇女。那名妇女装出很可怜的样子对小混混说："我刚失恋了，和男朋友刚分手，没有钱。"
>
> 随后那个女子反而指着小闽说："亚洲人有钱，你可以去抢他们！"于是，小混混又回到小闽身旁，问他有没有钱，小闽说："我没有。"但一个小混混注意到小闽的钱包很鼓，就问他："你有没有钱？"小闽说："我没有零钱。"随后那群小混混就开始打小闽。

为此，澳大利亚中文电台当日就对此展开了专门讨论。一位著名华裔律师认为，在此案例中，那位妇女因为怕别人打劫自己，就故意装出可怜状示弱，说"我刚失恋了，和男朋友刚分手，没有钱"，这样就较为顺利地替自己解了困。

但是，这个妇女很不地道，将"战火"引到了小闽身上。而这位中国留学生由于年纪小，缺乏应急措施，他先是说没有钱，之后在别人发现他钱包很鼓的情况下，又说"没有零钱"，显得很不诚实，让歹徒感觉不爽，当然歹徒就要痛打他了。

那么遇到这种情况应该怎么办呢？他如果真的没有钱，就应立即拿出钱包展示或者巧妙地说"我是穷学生，真的没钱"，这样就容易避免伤害了。

什么叫作"舍小保大"呢？就是在面临危险的时候，以小的代价避免大的损失。像小闽这种情况，如果真有钱自己又无法掩盖，处于敌众我寡的情况下，就只好放弃财物以保全生命，因为生命比任何财物都重要。

关于如何"舍小保大"，由美国的中国学生学者联谊会（CSSA）编纂并发布的《留美学子安全手册》里有这么一条：

请保证钱包里有 20 美元左右，遇到抢劫，请将自身的生命安全放在第一位，不要惊慌或与其搏斗，将现金给他。记下歹徒相貌特征，尽快报警。

这种做法，也值得大家借鉴。可以考虑将钱放到不同的地方，如在口袋中准备不多的钱，在好隐藏的地方放更多钱。

万一遇到无法抵挡的抢劫犯时，将小钱给他。

4. 先想办法脱离控制，再想办法制服歹徒

遭遇抢劫时，自己往往处于不利的状态，因为你被劫匪控制住了。这时你的第一要务，就是想办法逃离他或他们的控制。这样就变被动为主动了，在这个基础上，你再去反制歹徒，就可能反败为胜了。

分享生命教育网报道的一个成功案例：

小娟（化名）家较为富裕，因此成为歹徒的抢劫目标。某天下午，三名歹徒谎称是小娟爸爸的朋友，骗得保姆开门，进入室内。之后，将没有留神又进门的小娟妈妈和阿姨，全部捆绑起来，他们威胁小娟的妈妈拿出十几万现金。但妈妈找出各种理由没有答应。

不久，刚刚放学回家的小娟也落入劫匪手中了。因为她年龄小，他们对她还算客气，没有把她绑起来。

面对三名持刀的劫匪，小娟并没有慌张，而是一直寻思如何脱险。后来，她突然灵机一动，以需要做作业为由，说要进卧室，当即被劫匪拒绝。过了一会儿，她又吵着说天晚了，自己要睡觉。

歹徒的注意力集中在小娟妈妈等人身上，没把这个小女孩当回事，后来被小娟吵得不耐烦了，就同意了小娟的要求。

小娟进入卧室后，就飞快地写了纸条："救命！某幢某号，不是开玩笑，有三个男子要杀我妈妈。"并用双面胶将纸条贴在两个布娃娃身上，全部从窗户抛了出去。

卧室窗外，楼下就是小区保安亭。正在巡逻的保安见到两个布娃娃掉下来，仔细一看，立即向公安局报案。一家四口成功获救。

事后，歹徒感慨："这一屋子的人里，就这女孩最小了。怎么会想到偏偏栽在她的手上呢？"

小娟的做法，十分聪明，值得我们学习：

（1）当自己和妈妈等人被歹徒控制的时候，她找出理由到了另外的房间，这就逃离了歹徒的控制。

（2）离开后就利用有利时机巧妙报警。

（3）此外还有很重要的一点。我们常常说自己小，没有能力对付危险，但有时小，恰恰是可以利用的优势。

别看自己小，有时自己小，不容易被歹徒重视，反倒能让你借机逃离危险并帮助别人脱险。

六、如何对付绑架

> 1. 保持警惕　避免绑架
> 2. 放弃哭闹　避免撕票
> 3. 全力周旋　机智逃脱

在对青少年伤害最大的各种作案手段中，绑架是最让人痛恨也是最让人害怕的形式之一。

近些年来，一些歹徒将罪恶的双手伸向了越来越多的青少年，轻则给青少年带来身心的创痛，重则甚至将人杀害。这严重威胁了他们的生命安全。

因此，如何避免绑架，在绑架之后将伤害和损失降到最低，以及机智地逃脱，是广大青少年应该高度关注和学习的。

1. 保持警惕　避免绑架

既然绑架会给青少年带来巨大伤害，所以保护自己最好的方式，就是采取明智的预防措施，避免绑架。这包括两方面：

第一，避免成为绑架的对象。

歹徒绑架人，总有目的，而且往往是要有较大的回报，他们才甘于冒险。而绑架中出现最多的情况，是在金钱方面。

因此，一些经济条件较好的同学，要尽量避免露富，否则，就很容易成为歹徒们的"猎物"。

且看《河北青年报》一篇"富二代中学初中生因为每月花销太大遭绑架"的报道：

初三学生郭某是一个金矿老板的儿子，经常到游戏厅玩。他花钱大手大脚，有时一个月的开销上万元，但是他的父亲照给。他引起了同样在游戏厅中的秦某的注意。

得知郭某家境很富裕后，秦某便主动与他接近。郭某花销太大，有一次身上没钱，秦某还大方地借给他1000元。

不久，郭某再次提出要借钱，一向表现仗义的秦某满口答应，之后，带领三名同伙以去取钱为由将郭某骗上车。车子驶出县城不久，他们便露出了狰狞的面孔，一人拿刀逼着，一人用胶布紧紧绑住郭某的双手和眼睛。之后，秦某打电话向郭某的家庭索要600万的赎金。

幸运的是，由于警察营救得力，郭某被解救，几个歹徒都受到了法律的严惩。

但这件事给郭某与他家庭的教训是深刻的：被抓后，秦某等人称是因为能看出他是有钱人才下手的。据了解，他仅仅是个初中学生，但"月开销上万元是经常的事，出手非常大方"，不断在外人面前露富，又加上涉世不深，导致其被绑匪惦记上。

青少年虚荣心强，戒备心差，在炫富摆阔的同时却对身边的危险毫无防范之心。所以，青少年，尤其是家庭条件比较优越的青少年，要避免绑架，首先就得戒掉虚荣心，不要过分追求名牌衣服，不开高档车，不轻易露财，也不要对外讲自己的家境及经济状况等，防止成为犯罪分子的作案目标。

此外，还有一些细节需注意。比如，某些知名中小学，学生们穿上校服，往往很自豪。但在我儿子吴牧天被绑架并逃脱以后，有关警察却告诉了一个我们之前没有想到的现象：在一些歹徒眼里，能上这些学校的学生，家里经济情况都不错，而且学生们也较单纯，容易对付。所以往往也把他们当成绑架的对象。

凡此种种，都是值得注意的。当你在歹徒眼中不值得绑架时，你的风险自然就少多了。

第二，采取有力措施避免绑架。

歹徒绑架人，是希望自己力量大而对方力量小，而且不容易被发觉。所以，要针对这种心理，避免歹徒绑架成功。

为此，下面几点要多加注意：

（1）不要轻易被陌生人带走。

青少年辨别是非的能力比较差，很容易相信别人，很多绑匪正是看上了这一点，才频频向青少年下手。

此外，有些歹徒想绑架你时，还会以各种借口引诱你，如"你爸爸让我带你去吃饭""你家中出事了"或"你父母生病了""你家人出车祸了"等等，当他们以此为由，要你离开学校或家时，你应用打电话等方式设法与家人联系查证，或将此事告诉你的老师或邻居，歹徒就不容易得逞了。

（2）身处人少或黑暗的地方时要格外小心，尽量不单独行走。

《山东晨报》上有这样一篇报道：

> 21岁的大学生小雷，晚上一个人9点左右从学校里出来沿僻静的小路去买饭，刚走到附近的街上，两名蹲在路边的男子突然站起来，用刀子顶在他腰上，强行把他绑到一辆出租车上实施敲诈。

大学生况且如此，何况小学生和中学生呢？

所以，青少年外出、上学和放学要尽量结伴同行。若是单独外出，要尽量走灯光明亮的大道，不抄近道，不走偏僻的小路或较暗的地方。

此外，可随身携带手电筒、哨子、报警器等物品，万一被袭击，可用手电照射歹徒面部，同时用哨子或手头其他可用的物品向周围的人求救。

（3）不沉迷娱乐场所。

对于某些贪玩和好奇心极强的青少年来说，娱乐场所有着巨大的吸引力，他们沉迷于网吧和歌舞厅，却没有想到，根据公安局的报告，这些地方也是绑架案的高发地带。

所以，青少年在网吧、KTV 等各种娱乐场所出入时，要格外留心周围的环境，同时，对于在网吧和网络中结交的"朋友"不要轻信，更不要随便将自己的家庭情况透露给他们。

2. 放弃哭闹　避免撕票

面对绑匪，保证自己的生命安全是最重要的事。

既然已经被绑架了，那就意味着力量悬殊，对手强大而自己弱小。这时候，就要尽量减少冲突，所谓"好汉不吃眼前亏"，"留得青山在，不怕没柴烧"，先保护好自己的生命，再想办法逃脱魔掌。

为此，有几点要格外注意：

第一，不要哭闹，避免激怒对方而撕票。

中国绑架犯罪研究的知名学者张昌荣说："在所有绑架案中，儿童被撕票的可能性高达 45%，因为小孩总是爱哭闹，不会与绑匪合作，所以总会引起绑匪产生杀机。"

荆楚网上有这样一则消息：

> 2010 年 2 月 11 日晚 9 时许，刘锐在电影院广场碰到小灿后，将小灿哄骗到其出租屋内。随后逼小灿说出母亲的电话，并在 12 日凌晨 6 时许，试着与小灿的母亲通话进行确认，不想小灿在旁边大声喊叫，并不停地反抗。
>
> 刘锐害怕自己的行径暴露，当日上午 9 时许，他残忍地将年仅 13 岁的小灿杀害了。

故事中小灿的反抗激怒了绑匪，最后惨遭撕票。试想一下，如果他懂得示弱，知道暂时伪装，那么他或许会逃过一劫。在这一点上，下面故事中黄某的做法，要比小灿明智得多。

这是新华社刊登的"台湾地区 8 岁小学生成功自救"的报道：

> 台北县鹭江小学 8 岁男孩黄某遭绑架后，为保护好自己，与歹徒相处过程中不吵不闹。歹徒要其打电话给其母时，黄某还假意称："叔叔很好，买麦当劳给我。"要母亲把钱交给歹徒。
>
> 他的这一行动大大降低了嫌犯行凶的可能性，之后，他被歹徒顺利释放。

但是，让歹徒没有料到的是，黄某清晰地描述出了歹徒的相关特征、绑架他时所走路线及周边环境，还画出了歹徒藏匿处的内部陈设。这些线索帮助警方在 21 小时内成功破案。令警员惊叹的是，黄某的记忆几乎与现场完全一致。

中国绑架犯罪研究的知名学者张昌荣曾经特别指出："遭遇绑架后，要避免让歹徒知道你记住了他们的有关特征，否则很容易引起撕票。"

这句话的关键点是"避免让歹徒知道"，而不是自己不去记住。恰恰相反，从被绑架的第一刻开始，就要用心观察并记住其有关特征，这对将来破案、让歹徒得到该有的惩罚，会起到十分重要的作用。

这个孩子的做法，特别值得学习。

第二，尽量攀交情讲好话，让对方放松警惕。

面对绑匪，你还可以试着和其聊家常，甚至讲某些好话，一来放松其警惕，二来可以为自己争取到同情，这样不仅降低了自己被伤害的可能性，而且也为自己的逃跑制造了机会。

《小学生周报》曾报道一则"9 岁小孩被绑架机智逃脱"的故事：

由于缺乏防范心态，9 岁的晓佳被绑架到一座大山里，被关在一间农家屋中。晓佳有几次出去上厕所，发现这里是一个大山沟，山上有弯弯曲曲的小道，还有挖煤的人，她决定逃出去。

看守晓佳的是一个 40 多岁的人，满脸胡须，整天不说一句话。一天，晓佳突然问这个人："叔叔，你家住在哪儿？你有儿子吗？"一句话问得"大胡子"极度不安。

"大胡子"原来有一个美满的家庭，自从他参加了黑社会团伙，家就散了，他 11 岁的儿子在一次出来找他的途中被车撞死了。

一天晓佳对"大胡子"说："叔叔让我回家吧，你们大人之间的事我不懂，也不关我的事，你行行好吧，我以后认你当我的干爸爸。"一句话把"大胡子"说得开怀大笑。

这以后的一段时间里，晓佳努力地与"大胡子"多沟通，给他讲故事，聊一些有趣的事，赢得了"大胡子"的好感，慢慢他放松了对晓佳的看管。一天早晨，"大胡子"出去取面包，竟没有把晓佳绑在凳子上，晓佳顺利地逃了出来。

绑匪也是人。面对绑架，如果你能学着假装顺从，或者主动攀交情，这样不仅可以免遭毒手，而且也容易让绑匪放松戒备，为自己赢得逃脱的机会。

3. 全力周旋 机智逃脱

被绑架后，最重要的事情是要想办法逃脱。但有一个原则，就是这种逃跑只有一次机会，如果失败，就不能再做尝试。

当然，也可以等待营救，但是这实在太被动了。假如自己能机智勇敢地逃掉，那不是最好的做法吗？

《重庆晨报》曾刊登一篇名为《与歹徒周旋10个小时　十龄童下水道智斗绑匪逃生》的报道，故事中的主人公是一位小学生丁丁，他的做法实在是太精彩了。分析这个案例，可以让青少年学到许多十分管用的技巧。

丁丁是小学五年级的学生，这天他独自去上学，在车站等车时，一只大手突然从耳后绕过，迅速地捂住了他的口鼻。丁丁想起自己在电视里就曾看到过这样的场景，他意识到自己遇到了坏人，遭到了绑架。

几分钟后，丁丁被塞进了一辆面包车内，当时他脑子非常清楚，他明白凭借自己的力量，肯定无法和歹徒对抗，只能假装很听话。

上车后，歹徒不断向他打听家里的情况，如："你家住在哪里？""你爸爸是干什么的？""你妈妈在哪里上班？"他没有反抗，而是乖乖地有问必答，但都是有真有假。比如说，他把他爸爸的真名字告诉歹徒，却乱说了一个单位。告诉了住的小区，又故意说错门牌号。

后来他昏昏睡去，醒来时他感觉有一面墙凹凸不平，于是就把头凑过去对准胶布上下磨，很快眼睛和嘴巴上的胶布便松开了。

接着他去磨绑在手上的绳子，但绳子特别粗，怎么磨也磨不断。

突然，丁丁想起了学校安全课上，副校长彭老师讲的一种逃生办法——通过打滚儿成功地将绑着的手从后面翻到了前胸，接着用牙齿扯松绳子。

丁丁照着方法做，果然挣脱了绳索。

但是没想到动静太大，惊动了歹徒。黑暗中，丁丁感觉歹徒朝他跑过来。

丁丁开始朝有光线的地方跑，歹徒紧追不舍，而且越逼越近，丁丁不得不改变逃跑路线。为了充分利用自己是小孩的优势，丁丁就专门走一些低矮的路口，自己轻松地钻了过去，而歹徒却被卡在里面。

在一个岔路口，丁丁摆下"迷魂阵"，把刚刚解下的绳索放在与自己逃跑方向相反的一个路口上，以迷惑歹徒。

跑了一会儿，丁丁终于摆脱了歹徒，但这么深的下水道出口在哪里呢？正一筹莫展时，丁丁听到有人在谈话，好像是个窨井盖。他连忙大喊救命，可惜上面的人好像没什么反应，他想到要让外面的人注意到窨井盖才有获救的希望。

这时他看到窨井盖上面有两个小孔，自己身边有许多废弃的竹竿，于是他脱下脚上的袜子，缠在竹竿上，当作"求救旗"，单手顺着井下的铁梯爬上去，把袜子从洞里伸了出去。

上面的人看到了伸出来的袜子，于是打开了井盖，丁丁得救了。

看完这个 10 岁孩子的脱险故事，你是不是对他十分佩服？那么，你可以从中学到什么呢？

第一，遭到绑架，肯定要想法主动跑掉。但是这首先要保证自己不被伤害，为此，显示不抵抗，"乖乖听话"，是一种保护自己的策略。

第二，但这种配合，绝对不是傻乎乎地全部配合，而是绵里藏针式的"配合"。

这充分体现在回答歹徒的问话上。可以告诉歹徒父母的名字，甚至可以告诉他家里的电话号码，这有利于与父母取得联系，让父母知道自己的情况，但是像父母的工作单位、门牌号最好给虚假信息。

因为，如果歹徒已经知道了父母的姓名，找到单位或家里去，那对家人来说是很危险的，后果不堪设想。

第三，不是被动等待营救，而是一有机会就想法解救自己并实施逃跑计划。本案例中的丁丁醒来，发现墙面凹凸不平，就正好用来立即磨破蒙住自己眼睛和嘴巴上的胶布。

第四，平时就认真学习有关安全的知识，关键时刻就派上了用场。

在学校安全课上，副校长讲过如何解绳子的方法，有的同学可能上课时漫不经心，但是他却认真听进去了，此刻用上，正好解决问题。这样的学习态度，怎么不值得学习呢？

第五，掌握技巧十分重要。胶布与绳子，是歹徒通常使用的两种绑人的工具。当这两种工具都能被"破解"掉的时候，是不是逃脱的机会就大很多呢？

第六，逃跑的时候线路要选好。

歹徒追赶，他选择钻低矮的路口，自己轻松地钻了过去，把歹徒卡在里面。

第七，要有把歹徒引导到相反方向的能力。

本案例中的丁丁把刚刚解下的绳索放在与自己逃跑方向相反的路口上，的确可迷惑歹徒。这点不要小看，即使在其他环境下，也很管用。因为摆下"迷魂阵"，把歹徒引向错误的方向，就能为自己的逃脱争取更大的可能。

第八，遇到新的困难，想出自己的"绝招"解决。

到了窨井盖下，丁丁无法掀掉，喊救命别人听不见，他想到用袜子做出"求救旗"，从两个小孔中伸出去挥动而引起别人注意，最终获救。

是的，这个10岁小孩遭绑架后机智逃脱的技巧与方法，的确太值得青少年借鉴了。然而，最值得称赞和学习的，还是他这种为自己命运做主、主动想方法解救自己的精神！

这使我想起了我在《方法总比问题多》一书中写到的一个重要观点："只要思想不滑坡，方法总比问题多。"

如果都能像这个孩子那样主动去想办法解决问题，那么，即使遭遇绑架，也有可能像他这样机智逃脱。

七、如何对付意外伤害

1.避免交通意外伤害

2.避免无情的水、火伤害

3.避免可怕的雷、电伤害

4.在地震时如何智慧求生

根据专业的定义，意外伤害是指外来的、突发的、非本意的、非疾病的、使身体受到伤害的客观事件。在青少年被伤害的事件中，意外伤害特别多。

所谓意外，就是想不到。这有不少客观原因，但是，有时候也有很多主观原因。既然是想不到的，那么事先应多加考虑防范，对可能出现的风险先预防，出现后更应采取积极的措施去处理，那受到的伤害自然就少了。

1.避免交通意外伤害

在青少年所受的意外伤害中，交通意外伤害要占相当大的比例。

如何避免交通意外伤害，要注意以下几点：

第一，如果不把危险当危险，就得小心危险要人命。

交通事故为什么容易发生，首先是因为汽车、火车、摩托车等交通工具与人或车相撞，往往会带来伤害。这份伤害往往体现在两方面：一是在瞬间发生，等发现时就已经晚了。二是危害性大，经常是不死即伤。

所以，我们在各种车辆出没的地方，一定要格外小心，不要在这些地方游玩。

我们单位的一位员工曾讲到她小时候的一段经历：

　　她所在的小学离铁路很近，学校一直明令禁止去铁路边玩耍。可是上下学途中，也许是好奇心和好玩的心理难以遏制，还是有些学生在铁路旁玩耍。

　　当时学生之间流行轧铁钉，就是把铁钉放在铁轨上，等火车轧过去，铁钉变成细细的小薄片，可以当小刀来玩。

　　有一天，一个小男孩跑到铁路上轧铁钉，其他同学看到指示灯亮了，都跑开了或是趴下。他却还在忘情地玩着，等发现火车来了的时候已经晚了。他刚想跑开，火车就驶过来了。结果他被火车撞死了。

　　这是一个本可以防备的危险，这个小男孩却因为自己明知铁路边有危险，还要去玩耍，丧失了自己宝贵的生命。

　　交通路上总是风险多多，如果不重视这些风险，漫不经心，那么，风险就有可能要了人的命。

　　对此，青少年能不格外警惕吗？

　　第二，"一慢二看三不慌"。

　　在马路上行走，尤其是要横穿马路时，有个安全的"一二三法则"：

　　一慢，就是无论如何不要快。

　　二看，就是要往四周看。这包括看面前是红灯还是绿灯，红灯不过绿灯过，看有没有车正经过，车多不多、车速快不快。横穿马路时，要先看车辆驶来的方向，抱着一种"战战兢兢，如履薄冰"的态度，留心周围的一切。

　　三不慌，就是不慌张、不慌乱，时刻保持冷静。

　　下面是重庆市交通部门披露的一则交通事故：

　　　　九龙坡某小学一年级学生邹某，被妈妈接出校门，准备回家。这时，一位同学在路对面喊他，他挣脱母亲的手，突然向路对面跑去，被左边驶来的一辆大货车当场撞压致死。

　　那么从这则事故中要吸取什么教训呢？

从一个角度讲，看见你想打招呼的人在路对面，不要轻易打招呼，等他过了马路再说。

从另一个角度讲，当路对面有人喊你时，不管你多想见到他，也不要不顾一切立即飞奔过去。

过马路的时候，第一要紧的，是要看清楚是不是有车，现在是不是绿灯亮了，只有无车经过和属于行人通过马路的时候，你才可以过去。

这其实就牵涉到不能慌乱的问题。遵守交通规则，再兴奋再着急也不能慌乱，这样才能保证你的生命安全。

第三，不仅自己要遵守规则，也要防备别人不遵守规则。

孩子们喜欢自由，加上天性活泼好动，所以对交通规则并不愿意遵守。

对此，你一定要明白：这些规则固然是约束你的，但也是保护你的。

那么，有哪些重要的规则需要记住并遵守呢？

（1）路口遵守信号灯，红灯停，绿灯行，黄灯亮时莫抢行。

（2）认识标志标线，从斑马线或过街天桥、地下通道过马路，不翻越隔离护栏。

（3）要在人行道上行走，不在行车道内追逐打闹、打球滑冰。

（4）不扒车、追车、强行拦车和抛物击车。

（5）在汽车站等车时，一定要站在安全线以内等车。同学之间不能嬉戏打闹或追逐猛跑。

......

此外，还有十分重要的一点，不单自己要遵守交通规则，也要防备别人不遵守交通规则。

请看下面这个案例：

12岁的刘某，是郑州某小学学生，喜欢和同学玩冲锋的游戏。头天晚上，他又看了一部战争电影，心中更充满一种当指挥官的豪情。

这天早上，刘同学在校门口不远处下了公交车，一眼看到几个平时喜欢一起玩耍的同学在前面，同学们也发现了他。这时候，他手臂一挥，大喊："冲啊！"飞快地向前跑去。

没想到的是：一辆停在校门口的摩托车突然发动，飞速向刘同学开来。刘同学躲避不及，被撞成了重伤。

事后查明，骑摩托的人是一名家长。他将自己的孩子送到学校后，因为有急事要处理，所以就发动车子想快点离开。他说：启动车时，前面并没有人，所以他就加速，没想到这孩子竟是以冲锋的方式跑过来，想刹车和转弯都来不及了。

这个骑摩托的人违反了交通规则，的确要负主要责任，但刘同学也有责任，更有教训要吸取：在危险地段，采取突发式的跑步等方式，其实也就容易受到意想不到的伤害。

我们广大青少年更要记住：

许多交通事故的发生，不一定是你违反了交通规则，相反是别人违反了交通规则。在这种情况下，一般事后对方负责赔偿，但是如果你事先多一份风险意识，想到别人不守规则有可能伤害到你，你就能更好地避开风险了。

2. 避免无情的水、火伤害

有句俗话，叫作"水火无情"。在伤害孩子的意外事故中，来自水与火的伤害，也格外值得留心和重视。

第一，玩水玩火，最易出事。

孩子喜欢玩水和玩火，好像是天性。但是，如果缺少风险意识，随便玩水和玩火，往往最容易出事。要么把自己的生命葬送了，要么对别人的生命财产，造成不可弥补的损失：

《贵州都市报》上曾经有这样一则新闻——《中考结束湖边戏水不会游泳下水酿悲剧》：

中考结束，15岁的龚某某与几名同学到观山湖边游玩。虽然大家都不会游泳，但见到这里风景很好，湖水清澈，龚某某就率先跑到湖边，脱了鞋蹚入水中。等其他人走到水边，龚某某已离开岸边有数米。

大约 5 分钟后，岸边的同学们看到龚某某好像脚下打滑，身体失去平衡，沉入了水中，他双手使劲挣扎，大呼救命，可同学们个个都不会游泳。虽然他们打了 110 报警求救，民警也称会很快赶来，但就在几分钟内，岸上的同学们眼睁睁地看着他数次挣扎，最终沉入了水底。

不会游泳却要下水，而且是在深深的湖中，最终酿成悲剧，不得不慨叹这些学生的风险意识是何等薄弱。

但是，这样的现象少吗？想想你和你的朋友，是不是也常常有这样的举动呢？

再看玩火。有不少火灾，也是孩子玩火引起的。

且看一个典型案例，《当代商报》的报道——《小学生引发火灾：熊孩子坑爹妈》：

大黑山位于大连，是辽宁省的文物保护单位。

这一天，山上来了几名不满 14 周岁的学生。为了好玩，他们捡了两堆松塔，浇上酒精，用打火机点燃。

没有想到，那一天刮起大风，被点着的松塔火势越来越大。5 名学生开始害怕，赶紧去扑火。但是他们只扑灭了一小堆火。后来见火势无法控制，便慌忙逃离。

火势越来越大，不仅烧毁了大片山林，而且还烧死了几个山上的人。

既然玩水和玩火都容易害人害己，孩子们是不是该约束自己一下，不再这么贪玩、这么无聊，以免造成无法弥补的后果呢？

此外，还要补充说明一点：除纯粹因为好玩引起的火灾外，一些不好的习惯也容易引起火灾。对此，我们也要注意如下事项：

（1）不要随身携带火柴、打火机等火种，更不要随意点燃会引起火灾的东西。

（2）点燃的蜡烛、蚊香应放在专用的架台上，不能靠近窗帘、蚊帐等可燃物品。

（3）到床底、阁楼处找东西时，不要用油灯、蜡烛、打火机等明火照明。

（4）不能乱拉电线，随意拆卸电器，用完电器要及时拔掉插销。

（5）发现燃气泄漏时，要关紧阀门，打开门窗，不可触动电器开关和使用明火。

（6）阳台上、楼道内不能烧纸片或燃放烟花爆竹。

(7) 吸烟不仅危害健康，也容易引起火灾，学生不要吸烟，躲藏起来吸烟更危险，因为他们往往忘记熄灭烟头，这样会引起火灾。

(8) 使用电灯时，灯泡不要接触或靠近可燃物。

……

第二，遭遇溺水如何自救。

水火虽无情，但是，万一溺水或遭遇火灾，还是有方法自救的。

先谈在遭遇溺水时如何自救。

且看不少媒体报道的这则新闻——《10 岁男童溺水自救》：

> 台湾地区有一个 10 岁男孩，一个人去海边玩，不小心掉到水中了。他不会游泳，但是他很快找到了一种救自己的方法。

> 他非常机警，知道越慌张越有问题，于是，他尽快平静下来，让自己脸朝上，仰着去划水。这样，不仅比较省力，也让自己的身体更好地漂浮在水面上。而当海浪淹没他的口鼻时，他就暂时闭气，

> 虽然他只有 10 岁，却十分镇定，和一般溺水者不同的是，直到救援人员靠近他，他也没有慌张地抱住救援人员，而是乖巧地听从指挥，抱住救生浮棒。当救援人员把他救上岸时，发现他已经说不清

楚话了，但是仍然有意识。

　　救援人员说，小男孩的镇定帮助他争取到了时间，换回了生存的机会。

　　危险情况下，10岁的小男孩不仅保持镇定，而且也用较好的方法等待救援。他的这种自救素养，值得青少年去学习。

　　下面是有关专家对落水如何自救提出的一些建议：

　　（1）镇定第一：落水后应保持镇定。胡乱举手挣扎反而会使身体下沉、呛水而淹溺；

　　（2）仰泳露鼻：可采取头向后仰、面部朝上的仰泳法，使口鼻露出水面进行呼吸；

　　（3）深吸浅呼：吸气要深，呼气要浅；

　　（4）缓解"抽筋"：若肌肉痉挛（抽筋），用手握住痉挛肢体的远端，反复做屈伸运动；

　　（5）保存体力。尽量少挣扎，保存体力以赢得更多的时间，便于他人救助。

　　（6）在他人救助自己时，格外重要的是不要慌忙去拥抱他人，而要放松下来，配合他人的救助。

　　同时值得提醒的一点是：救助溺水者时，也不要与他正面接触，而是从背后托举、带着他游向岸边。

　　如果不这么配合，溺水后因为着急就死死地抓住救助者，有可能将救助者一起拉到水中溺水身亡。

这样的悲剧、教训很多，切记！

第三，遇到火灾时如何处理。

《宝安日报》曾发表一则新闻——《家中夜起大火门被反锁，学校所学逃生技能派上用场》，讲述了一个 7 岁男童成功自救的故事。

　　叶华川的父母每天早出晚归，卖盒饭维持生计。事发当晚，其父母仍在摊位上忙活着，而他却先睡了。

　　晚 11 时许，早已进入梦乡且被反锁在家的叶华川突感闷热，想起身开窗透透气。当他睁开睡眼时，发现自己已身陷火海。四周的火苗一度冲到房顶，床头的火，距他不足 1 米远。屋内门窗紧闭，叶华川的第一反应是——我要冲出去！

　　但是，他立即明白那是不可能的。门口的火势比他身边的火势大很多，而且，他爸爸怕他贪玩乱跑，将门在外面反锁了。

　　这个孩子平常在学校学过一些安全知识，这时派上了用场：

　　他赤脚冲进洗手间，将水龙头拧开后，立即将水泼在地上和脸上，然后伸手拽下墙上的毛巾，浸湿后用一条塞住仍在冒黑烟的门缝，另一条捂住了口鼻。他推开窗户，拼命地呼喊着。

"叔叔、阿姨，我家起火了……请帮我报警！！！再给我爸爸打个电话，他的电话是……"

很快，在邻居的帮助下，反锁的门被锤子砸开。

不久，消防队员赶到现场将火扑灭。

一个7岁的孩子，被锁在家中，偏偏家中起火了，他却能如此镇定地自救，充分说明平时学习安全知识的重要性，遭遇火灾时，冷静处理问题也非常重要，他的确是广大青少年学习的好榜样。

那么，遭遇火灾，有哪些需要掌握的自救方法呢？且看专家对你说：

（1）发现起火时，切忌慌张、乱跑，要冷静地探明起火的方位，确定风向，并在火势蔓延之前，朝逆风方向快速离开火灾区域。

（2）保护呼吸系统。火灾造成死亡的原因，除直接被烧死烧伤外，还有很重要的一点，是火焰烟雾会让人在3分钟至5分钟内窒息。

所以当火势尚未蔓延到房间内时，紧闭门窗、堵塞孔隙，防止烟火窜入。若发现门、墙发热，说明大火逼近，这时千万不要开窗、开门，可以用浸湿的棉被等堵封，并不断浇水，同时用棉织物或湿毛巾捂住口鼻。另外，低首俯身，贴近地面，设法离开火场。

（3）千万不要因为慌张就从窗口往外跳。紧急情况下应使用逃生绳下降到地面。

（4）发生火灾时，不能乘电梯，因为电梯随时可能发生故障或被火烧坏；应沿防火安全疏散楼梯朝底楼跑。

（5）如果中途防火楼梯被堵死，应立即返回到屋顶平台，并呼救求援。

（6）尽快发出求救信号：如不断向窗外掷不易伤人的衣服等软物品，晚上可用手电筒或打开手机手电筒功能画圆圈。

当然，还要牢记火警电话"119"，及时报警。

3. 避免可怕的雷、电伤害

雷与电都很可怕，都具有快速性与杀伤力大的特点，如果被它们"拥抱"一下，往往非死即伤。

但是，雷与电还是略有不同。谈到这两者时，通俗的定义是：雷虽然也是电，但这是自然界的电，来自天上，我们往往无法准确知道它打向哪里，它有难以预测的特点。

而我们通常说的电，往往是人造的电，相对好预测和把握，但是，如果不懂得电的原理，被击中绝对是一件非常可怕的事情。

根据它们各自的特点，我们可以采取相应的策略：

第一，如何防雷的伤害。

且看两则由新华社发布的新闻，其中一则是：

> 浙江省台州市一名10岁的小学生马某放学骑车
> 回家时，正值暴雨并伴有雷电。途经一处田间小道
> 时，随着一声惊雷炸响，那个孩子就倒在了地上。
> 根据法医的尸检报告，结合周围人的目击，警
> 方证实他是遭遇雷击死亡。

为什么他会被雷击呢？当地雷电灾害防御办公室相关专
家分析，原因可能有几个，一是马某当时在空旷的田野上骑
车，他成了那块空地上最高的点，所以当雷电劈下来时，马某
成了放电的导体。

二是马某所骑的自行车是金属的，增加了他被雷击的概
率；另外自行车速度较快，形成跨步电压 ①，雷电更易伤人。

另一则新闻是：

> 在湖北叶县辛店镇辛店村，一名高一年级男生
> 和奶奶到村外的地里看玉米。晚5时许，天降大雨，
> 祖孙俩躲到地头树下。这时，男生的手机铃声响起，
> 他拿出手机接听，突然一道闪电划过，男生被击倒在

---

① 跨步电压：指电气设备发生接地故障时，在接地电流入地点周围电位分布区
行走的人，其两脚之间的电压。——编者注

地，手和胸部变成了炭色，当即死亡。

看了这两则新闻，你是不是觉得很可怕？这不都是"飞来横祸"，让人防不胜防吗？

是的，这样的事故是很让人害怕。但他们之所以被雷击，也有着某些原因。只要你掌握了有关规律，自觉遵守，就会减少雷电带来的危害。

这是防雷专家给予的建议：

（1）避免跨度大的运动。

跨度越大越容易遭雷击，因为跨步电压越大，雷电也越容易伤人。所以尽量不要奔跑，同时也不宜快速开摩托车、骑自行车。

（2）遇到打雷要赶快抱头下蹲。

头顶炸雷时，若找不到合适的避雷场所，应找地势低的地方双手抱头蹲下，尽量降低重心和减少人体与地面的接触面积。

（3）远离金属物品。

不要拿着金属物品在雷雨中停留。随身携带的金属物品应该暂时放在 5 米以外的地方，等雷电活动停止后再拾回。

前面所述事故中，马某的自行车本身就是金属物，这也是吸引雷电的危险物品。

（4）雷暴天气时不要接听和拨打手机。

（5）雷暴天气出门最好穿胶鞋，穿塑料制作的不浸水的雨衣，这样可以起到绝缘的作用。

（6）切勿站立于山顶、楼顶或靠近其他导电性高的物体。

（7）在室外者如遇到头发竖立、皮肤刺痛、肌肉发抖的情况，即有将被雷电击中的危险，应立即卧倒。

第二，如何防电的伤害。

我们知道一个词："触电"。电的最大危险，可以用一个字来总结——触，即与电直接接触往往关系生死。不与电直接接触，就不容易有危险。

我们召开安全教育座谈会时，一位小学副校长讲述了发生在他们学校一位老师家里的故事：

> 春节期间，这位老师的一位老同学，带着11岁的孩子到他家来了。那个孩子很可爱，也很活泼。这位老师便让他在客厅中玩耍，而自己和同学在书房中聊天。
>
> 不到一个小时，他们突然听到一声惊叫，之后就是人倒地的声音。他们赶紧跑到客厅，发现同学的孩子已躺在地上。这位老师眼明手快，发现那孩子一只手拿着一把钥匙，边上是电源接线板。他估计是触电了，赶紧给孩子做人工呼吸，并打急救电话。

原来，这个好动的孩子，在客厅玩着玩着，发现桌上有一串钥匙，又对电视机旁的接线板感兴趣，就将钥匙插入了通电的接线板中。

幸运的是，可能这个孩子比较灵活，被电击的那一瞬间反应快，缩手及时，老师做人工呼吸也有作用，附近正好有医院，医生赶来也及时，孩子的命保住了。但是他已严重受伤，好久都没有恢复，尤其是脑部的损害，会影响终生。

这件事发生后，那位老师十分愧疚和后悔，为什么把钥匙放到那个地方。而老师的同学也十分后悔，为什么没有早早教育孩子，去了解用电的知识，避免触电呢？

那么，我们应该掌握哪些用电的安全知识呢？

（1）不靠近高压带电体（室外高压线、变压器旁），不接触低压带电体。

（2）不用湿手触摸电器、插入或拔出插头，不用湿布擦拭电器。

（3）不用钥匙、别针或金属片等导电的物体插到接线板孔内，或与裸露的电线接触。

（4）不用水去泼电线，不将尿撒到电线或接线板上。

（5）安装、检修电器应穿绝缘鞋，站在绝缘体上，且要切断电源。

（6）插拔电源插头时，不要用力拉拽电线，电线的绝缘层受损会造成触电。

（7）在寝室等地方不违规使用大功率电器。不管用了哪种电器，记得及时关掉或拔下插头，避免火灾及其他事故发生。

（8）发现有人触电，抢救时，绝对不可直接去拉人，因为人体就是导电体。

4. 在地震时如何智慧求生

地震是不多见的，但是一旦遇到地震，那就是巨大的灾难。

这时，该注意些什么呢？

第一，警惕地震前的一些反常情况。

一些专家和记者在发生某些地震后，对一些当事人进行调查，让他们回想地震前的情况，发现有不少反常的现象。如唐山大地震前，就有这样一些不可思议的古怪现象，如：

恐怖极了的鱼：一家人养的两只鱼缸里的金鱼，争着跃出缸外，把跳出的金鱼放回去，金鱼竟仍然往外跳。某人家的鱼塘中一片响声，有的鱼尾朝上头朝下，倒立水面，像陀螺一般飞快地打转。

失去理性的飞虫、鸟类：有人看见成百上千只蝙蝠，大白天在空中乱飞。

动物界逃亡大迁徙：100 多只黄鼠狼，大的背着或叼着小的从古墙洞钻出，向村外大转移。第二天、第三天，这群黄鼠狼继续向村外转移，一片惊慌气氛。

宠物频频"警告"主人：一位老大爷的猫隔着帐子挠他，非把他挠醒不可。一个人养的狼狗，那一夜死活不让他睡觉，狗叫不醒他，便在他的腿上猛咬了一口。

除上述动物的反常情况外，还有其他自然界的反常现象：

地下水往往会突然升、降。井水会发生打旋、冒泡、变色、变味等现象。在未来震中区域附近常常会出现形态各异的光带。地光①之后会发生地声，像打雷、狂风、狮吼、放炮等。

青少年观察力敏锐，如果发现类似情况，不仅自己要提高警惕，而且要及时告知父母、老师及地震预测部门，让大家对此重视。

第二，地震发生时该做些什么。

且听专家的有关建议：

（1）如果身处地震易发地带，最好准备一个家庭防震包，放在易于拿取的地方。防震包中应有易保管的食品、饮用水、打火机、手电筒、锤子，以及治疗常见疾病的药品等。

（2）地震发生时，若处于不坚固的房子里时，可躲到大而坚实的物体旁；若在较坚固的房屋里，则应躲到桌子或床底下。

（3）保持正确的防震姿势：蹲下或坐下，使身体尽量弯曲并保持口鼻正常顺畅的呼吸，抓住身边牢固的物体，以免地震时身体滑到危险的地方。

（4）尽量利用身边物品如棉被、枕头来保护头部。

---

① 地光：指地震前或地震时人们用肉眼观察到的天空发光的现象。——编者注

（5）如果正在门外、窗边，且窗外无其他危险建筑，可立即逃到院子中间的空地上。

（6）如果在室外，不要靠近楼房、树木、电线杆或其他任何可能倒塌的高大建筑物。尽可能跑到开阔的空地上去。

（7）防止第二次地震或余震。

第三，万一被废墟埋压怎么办。

地震发生有防不胜防的特点，如果发生了，自己万一躲避不及，被压在废墟下，你该怎样自救呢？

（1）必须保持求生的信念，以乐观的心态，去战胜巨大的困难。

（2）挪开身边的杂物，消除口鼻的灰尘；尽力挣脱手脚上的束缚，小心翼翼地消除压在身上的物体；用可移动的物品支撑身体上的重物，以免倒塌。

（3）用毛巾、手帕等捂住口鼻，尽量朝有光亮或宽敞的地方移动。

（4）听到外面有声响时立即呼救。

（5）若一时无法脱险，应保存体力，等待救援。如缺水，可饮用自己的尿，尽可能延长生命。

（6）不要盲目地狂喊乱叫，可采取某些有规律的、容易引起别人注意的做法，如不间断地敲打身边能发出声音的物品，如金属管道等，利用其发出的声音求救。

在这方面，不妨来看《山西农民报》等媒体刊登的一篇报道——《八龄童废墟扔石子"报警"获救》：

小龙是平武县南坝中心小学一年级学生。2008年5月12日北川发生地震时，他正在学校教学大楼三楼走廊上行走，突然感觉教学楼剧烈摇晃并猛然往下坠，随后一股强烈的冲击力重重地将他抛出。

等他醒来时，发现自己根本动不了。随后，他听到了许多人的呼喊。贴着地板的小龙拼命地喊"救命"，但是，不管他怎么呼喊，都没人听到他的呼救。

就在绝望时，他想到了另外一个方法：

他发现废墟中间有一个小小的洞。于是，他隔一段时间，就从洞中丢一个小石子出来。

开始这没有效果，但是他没有放弃，还是接着这样做。终于，4个小时后，他丢出的小石子砸到了一位姓王的老师身上，王老师立即通知了其他老师和救援人员，将他救出。

事后，王老师感慨地夸奖道：

别看这孩子才8岁，但想出的方法还真管用。如果不是他想出这个方法，说不定就找不到他了。

"不绝望，想方法"，这不仅在地震发生时管用，而且在其他时候也是顶用的自救法则。

八、如何对付网瘾

> 1. 别把自己真实的人生，葬送在虚拟的世界里
>
> 2. 不怕有网瘾，就怕不回头
>
> 3. 戒除网瘾的三大方法

1. 别把自己真实的人生，葬送在虚拟的世界里

网络是一个虚拟的世界，但对不少青少年而言，也是一个最吸引人的世界。

如果仅仅是喜欢，偶尔玩一下，那倒是无所谓。但是不少孩子却是对此"有瘾"，导致自己越陷越深。

只有意识到网瘾带来的危害，才可能不再陷入其中不能自拔。

第一，不仅荒废学业，更是对身体的极度摧残。

网瘾带来的最直接的影响，就是分散了孩子的注意力和兴趣点，让孩子不再把心思放到学习上。这样一来，成绩好的学生，成绩会一落千丈；成绩不好的学生，到后来越来越不爱

读书，有的甚至从此就告别了学校生活。

这不仅葬送了孩子的前途，也给家里带来了极大的痛苦。在当今孩子与父母的各种矛盾中，孩子有网瘾的原因占了相当大的比例，让父母痛不欲生。

《成都商报》有一篇报道《儿子沉迷网游被母亲从网吧拽出后母子相继投江》，讲的是四川省广元市某中学的一名学生明明，因为老是沉迷在网吧中，妈妈对他多次教育不听，最后妈妈跳江自杀，之后，明明也在自责和父亲的指责下，跳江自杀了。

美好的年华，应该是享受青春与快乐的，懂事的孩子，是应该给家里带来希望和帮助的，可是，就是因为这该死的网瘾，给这个家庭带来了如此大的悲剧，这能不让人震撼和警觉吗？

除此之外，网瘾还给广大青少年的身体带来极大的摧残。他们通宵达旦，不仅耗费精力，还会影响视力，引起颈椎病。有的孩子甚至半个月都在网吧中不出来，被人找出来时，面黄肌瘦，不成人样。有的孩子甚至上网过度而丧失了生命。

中国之声《新闻和报纸摘要》刊载了这样一则新闻——

小梁是一位刚进大学的学生。一天，他被发现死于寝室床上，手脚已经僵硬。

导致他死亡的原因，是连续打了四个通宵的电子游戏。

小梁从高中开始沉迷网游，为此他考了两次才勉强过关，进了大学后，他又再次沉迷其中不能自拔。一学年下来竟有7门科目不及格。

这一次，他连续打了四个通宵的网络游戏。他为什么这样沉迷呢？据他的同学说：这游戏里面有动画设计，几个角色可以用鼠标、键盘控制互打，当角色血量少的时候会被追杀，但角色的同伴可以来救援，被救援的角色获救后反过来又把他同伴杀了。据说，小梁一直觉得这游戏十分刺激、有意思，故乐此不疲。

在他死亡之前不久，这名同学刚过完20岁生日。

是的，网游是好玩的，但是，把自己的学业葬送了，把自己的身体搞坏了，甚至把自己的生命葬送了，这样的"好玩"，值得吗？

第二，网瘾让人走上犯罪道路。

应该说，没有谁愿意走上犯罪道路。但是，网瘾却不知不觉成了诱发青少年犯罪的因素。

据报道：合肥市包河区检察院完成的一项调研显示，如今网络已经成为青少年犯罪的重要外在因素，一些案件中犯罪嫌疑人使用的犯罪手段非常凶残。在该区检察院受理审查起诉的青少年犯罪案件有140件174人，90%以上的犯罪嫌疑人喜爱甚至迷恋网络。

因为沉迷网络，又缺钱去玩，之后去抢劫、偷盗和诈骗的青少年犯罪案件时有发生，《京华时报》刊登的下面这则报道，颇具代表性。

闫某是某大学刚刚毕业的学生，沉迷于网络游戏。为了在游戏中取得好的"战绩"，他需要买游戏装备，于是他动上了歪主意。

一天，他跟踪武女士在 ATM 机上取钱。当她取出 3000 元现金后，他用锐器顶住她的后腰并恶狠狠地威胁她，将现金抢走后逃离。

之后，他将抢来的 3000 元中的 2000 元购买了游戏装备，再次进入网吧打游戏。升级后的游戏当然让他兴高采烈，大呼过瘾。但就在他最高兴的时候，公安人员出现在他眼前，一副手铐把他铐住了。

沉迷网络游戏的他，此时也许该清醒了，人生可不是游戏。

大学毕业，如果好好努力，美好的前程就可以展开。为了在网络游戏中获得暂时的快感，通过犯罪的方式，将自己葬送，值得吗？

第三，网瘾让人分不清真实世界与虚拟世界，让沉迷者犯下大错。

《郑州晚报》曾经刊发一篇《少年砍同学母亲上百刀》的

报道：

张嘉（化名）是新密市某中学的学生。一次，他被母亲责骂，他怀疑是同学张某向母亲告发了他私自花掉100元压岁钱的事，于是，张嘉从家里偷偷拿一把菜刀翻墙到了张某家。

当时张某不在家，他只看到张某的母亲。张嘉借口自己是来帮张某拿手机的。张某的妈妈一点也没疑心，把张某的手机给他了。但在回家路上，他突然想起，自己这种行为是骗人，张某回来后，肯定就露馅儿了，张某的妈妈会向父母告状。

想到这一层，他返回张家，趁着张某的妈妈没有防备，用菜刀朝她猛砍。更加令人难以置信的是，他竟然在她身上砍了上百刀！

当然，他很快被逮捕。在审问他"怎么会砍张某的妈妈那么多刀"时，他的回答竟然是："害怕对方复活。"

原来，平时喜欢玩网络游戏的他，已经习惯了网络中的游戏规则：很多打打杀杀的游戏人物死后都能复活，而复活一次需要2元钱。在用菜刀砍同学的母亲时，他脑子一片空白，心中只有一个念头："不能让她复活！不能让她复活！"

今年才刚满 15 岁的张嘉，因为沉迷于网络游戏，
已经分不清现实与虚拟，"害怕对方复活"是他对自
己杀人行为的全部解释。

看到这种耸人听闻的案例，你是否会觉得十分恐怖？当
我们还在对网络游戏乐此不疲时，是不是该猛醒一下，"回头
是岸"呢？

还是不要把真实的人生，葬送在虚拟的世界里吧！

2. 不怕有网瘾，就怕不回头

第一，优秀学生也曾有网瘾，及时回头就能重回坦途。

有网瘾的确不好，但并不是罪行。那只是在成长过程中，
你不小心陷入的一个泥潭。

的确，这泥潭有可能伤害你甚至葬送你，我们得提醒自
己不要让人生陷入里面不能自拔。同时也得有信心，只要你及
时回头，就能重新回到人生的坦途上。

曾经有一则轰动时一的新闻：

湖南长沙 17 岁的高三学生熊文涛以美国高考满
分的成绩考取了全美最好的文理学院之一——威廉
姆斯学院，之后，他又攻读了哈佛大学经济学博士学

位。

让人想不到的是，这位美国高考状元，曾经也是一位让父母头痛的"网瘾少年"。

上初中后，熊文涛刚开始学习很努力，成绩一直排在年级的前一二名。但从初三下学期开始，学校周围出现了很多网吧，很多同学都迷上了玩网络游戏，熊文涛也没抵挡住诱惑，开始跟着同学频繁出入网吧，很快就上了瘾，甚至发展到旷课去玩游戏，学习成绩也因此一落千丈。

直到班主任找上门，熊文涛的父母才知道儿子出了这样的状况。按照班主任的说法，照这样发展下去，熊文涛别说考省重点高中，可能连普通中学都考不上。

熊文涛的父亲一听，气得立即将儿子从网吧揪了回来，不由分说一顿暴打。这反而激起了熊文涛的逆反心理，他开始更加频繁地去网吧。

熊文涛的母亲王丽华一见这种情况，就改变了教育方法。她先去了解儿子沉迷于网络游戏的原因，再与他交流如何戒除网瘾。

在心平气和地与儿子交心后，她知道班上一些成绩不如他的同学，玩起某网络游戏来却比儿子厉害。儿子从小就有从不服输的好胜心，因此下决心要在玩那种游戏的水平上超过那些同学。

听完他的讲述，他的妈妈没有简单粗暴地责怪他，而是对他说，不管做什么都要出色，哪怕玩游戏也要玩出水平，这样的态度并没有错，但马上就要中考了，如果因玩游戏而导致中考失利，那可比游戏玩不过同学更丢面子，是真正的得不偿失。

之后，他的妈妈又跟他商量，先一心一意准备中考。考完后，暑假里给他200元钱尽情去玩游戏，这样学习和游戏都不耽误。说完，王丽华特意拿出200元，让熊文涛先存起来。

熊文涛接受了妈妈的建议，开始全心准备中考。但完全没有想到的是，由于成绩落后了一段时间，接下来参加湖南省重点中学——长沙雅礼的初次招生，他意外落榜。这时候，熊文涛彻底醒悟过来，他不仅将200元退还给了妈妈，还为自己曾经沉迷于网络游戏、浪费了学习的大好时光而后悔不已。

熊文涛从此将全部精力转移到学习上来，再没有因为学习的事情让父母操过心，并以优异的成绩考上了美国著名大学。

看到那么优秀的学生，当年也曾陷入网络游戏中不能自拔，不知道你有什么感想。如果有了网瘾，是不是也该有战胜网瘾的信心与决心呢？

　　他能战胜网瘾，我们为什么不能战胜呢？

　　当然，更值得我们学习的是：他之所以能战胜网瘾，是因为他及时回头。正因为沉迷在网络中不可自拔，所以在考重点中学时竟意外落榜。正是这样的教训，让他不得不回头。

　　我们也要培养知错就改、对不良习惯果断放弃的精神。这样不但能戒除网瘾，更能创造美好的人生！

　　第二，不要担心沉溺太久无法回头，真正下决心也能回头。

　　不少曾经沉迷网络的青少年，到后来意识到了网瘾的危害，也想戒除。但是，他们最担心的问题之一是网瘾太重了，想戒也戒不掉。

　　其实，这完全是多虑了。"没有不能，只有不肯"。如果你下了真正的决心戒掉网瘾，并采取切实的手段去做，你就有可能回到正常的生活中来。

　　新华网浙江频道曾经发表了一篇《一个网游"老大"的心声：游戏耽误了我的青春》的文章，讲述了浙江舟山的一个学生王峰（化名）的真心告白。他的经历，可以给大家树立战胜网瘾的信心——

　　　　"因为长期玩游戏，我变得不擅于表达自己，也
　　失去了很多朋友。"

王峰在初三开学的第一天，和同学一起溜进了学校附近的一家地下网吧玩。一接触网络游戏就被迷住了，从此一发不可收拾，上课经常迟到，下课就直奔网吧。原来他的成绩在班上属于优秀水平，但迷上游戏后，原本做起来得心应手的考卷，对他来说却越来越难了。到最后，他发现几乎所有的题目都看不懂了。

不过，在虚拟世界中，他成了"呼风唤雨"的"大侠"，不少人纷纷在网上称他为"老大"。虚拟世界给了他莫大的快感，但中考时，他考砸了。后来，在父母的努力下，他进了宁波的一所5年制大专。

但进入大专后，他不仅没有好好读书，反而因为没有了升学考试的压力和家长的束缚，开始更加疯狂地玩游戏。午饭和晚饭全在网吧里解决。有时甚至几天几夜不回去，一个月内不洗澡。

有一次，他因为分不清"虚拟"和"现实"的区别，差点把命丢了：同学叫他出去打篮球，还没从游戏中回过神来的他，把自己当作了游戏中的"大侠"，差点从近10米高的地方直接"飞"下去。幸亏同学及时拉住，他才幸免于难。

王峰浑浑噩噩地度过了自己5年的大专生涯，开始走入社会。他找到了一家广告公司实习。老板给他预支了一个月的薪水——900元钱。他拿到钱后，做的第一件事就是去买游戏点卡。有了游戏，哪还有心思工作，一个月后，他的这份工作也丢了。

丢了工作后，他在家待了几个月。一天，他准备和朋友出门时，一摸口袋，发现居然只剩下2元3角钱了。

这时候，他猛然清醒过来了。他发现摆在面前的只有三条路：一是去打劫；二是从所住房间的5楼跳下去；三是戒网瘾。

打劫犯法，自杀不值得，他选择了第三条路。

于是，他下了狠心，把所有的游戏账号都送了人，然后，把家里的网络停了。刚开始戒网瘾时很痛苦，但他逼迫自己一定要熬过去。坚持一段时间后，虚拟世界终于渐渐离他远去，他终于在真实的世界中找到了奋斗的位置。

回首往事的时候，这位"网络老大"感慨地说："我的整个青春都在网络游戏中度过，现在真是后悔不及。我打算开一个心理咨询热线，和沉迷于网络游戏的学生们交流交流，希望他们不要再走我的老路。"

这个"网络老大"的经历，可以让我们看到网瘾是如何毁灭了他的青春的。

但是他"浪子回头"的经历，也让我们看到了戒掉网瘾的可能性：

只要能像他那样清楚地认识到网瘾不是在成就你，而是在毁灭你，能像他那样"狠心"地把所有的游戏账号都送人，甚至干脆将网断了，并坚持下来，你也能回到真实的世界中来。

3. 戒除网瘾的三大方法

有了上面的分析，大家对网瘾的危害应该有充分的认识了，同时对能不能戒除网瘾，也应该有信心了。

那么，有哪些有效的方法呢？

当然，正如我的儿子吴牧天在其所著的《管好自己就能飞》一书中所言："抵挡诱惑的最佳方式，就是远离诱惑。"因为战胜诱惑需要提高意志力，但不容忽视的是：意志力的培养需要一个过程。青少年意志力还不够强大，这时候遇到诱惑就难以抵挡。

比如说自己只打半个小时的网络游戏，真正打起来可能一上午都停不下来。这时候，我们还是不要高估自己的意志力，干脆不去打网络游戏，可能是最好的选择。

但是还有另外一种情况：已经有网瘾了，欲罢不能，怎么办？

方法同样是有的。下面是三种有效的方法：

第一，真正从内心深处认识到网瘾的危害并下决心战胜它。

《钱江晚报》上刊登了一篇名为《大学生期末考试高挂红

灯，自拍忏悔短片戒网瘾》的文章，讲述的是几个已有网瘾的大学生的故事：

　　王东（化名）是某大学的学生，担任寝室长。大一刚开学，他觉得生活很无聊，空闲的时间多了很多，于是，他就约寝室的其他人一起去网吧娱乐。

　　没想到几个人慢慢地沉迷于网络，每天除了上网，他们不会参加任何娱乐活动，只要是网络游戏，他们几乎都不放过。

　　这样一来，他们没有时间学习，到期末的时候，竟然6个人全军覆没，每个人都有不及格的科目。

　　在这样的情况下，寝室长王东意识到了问题的严重性，他必须要想出一个戒掉网瘾的招数，否则这一生就毁了。

　　于是，王东想到编一部短剧来警示大家，他们几个合作拍了一部名叫《游戏人生》的DV短剧。

　　短剧讲述的是一个有网瘾的高中生，从开始觉悟网瘾的危害，到戒掉网瘾，最终考上了理想的大学。

　　他们用这个自己编的短剧来鞭策自己：其实离开网络，生活也是很有意思的。结果效果非常好，现在他们只是偶尔玩一会儿小游戏，再也不会沉迷于网络了。

故事中的 6 个大学生正是沉迷网络的青少年的榜样，他们没有觉得戒除网瘾是不可能的，反而积极主动地采取措施来解救自己。

这些学生的成功，告诉我们一个戒除网瘾最重要的因素：你真的可以从内心深处认识到网瘾的危害，并下决心战胜它。

有了这样的心态，你就可采取一些计划和措施去落实。下面的这些做法，是有助于戒除网瘾的：

（1）找到自己上网成瘾的原因，比如：性格内向，就多给自己安排交友活动……

（2）永远记住：青春的主旋律是在现实中奋斗，不要把美好的青春，浪费在虚拟的网络世界里。

（3）给自己制作一个提示卡，比如："上网时间到几点"，看到钟表上的时间，马上离开电脑。

（4）自我心理暗示，玩网络游戏的时候，不断地告诫自己，玩一会儿就行了，还有重要的事情等着我去做呢。

（5）让爸爸妈妈把电脑放在客厅里，免得在卧室中太方便上网。

……

第二，如果不能下最大决心戒除网瘾，就请人对你"执法"。

由于一些孩子的意志不坚定，虽然自己下决心戒除网瘾，但实际上却难以戒除。这时候，可以请人对你监督、"执法"，借助这种外力，取得实际的效果。

《南国都市报》上刊登了一篇名为《差点跳河的网虫变成阳光大学生愿帮学生戒网瘾》的文章，写了一个叫王舜召的初中生沉迷网络，而在高中时，戒掉网瘾的故事。

在这篇文章中，作者细致描述了王舜召痴迷网络的状态，已经到了离开网络就活不下去的程度：

> 有时，他会泡在网吧里一个星期，困了趴在电脑桌上睡一会儿，饿了打电话叫外卖送炒粉吃，吃喝拉撒睡几乎都在网吧里解决。
>
> 他的表现给他的父母带来了很大的痛苦，他自己想戒都戒除不掉，无法自拔。
>
> 到了高中，学校是封闭式管理，王舜召心想：这样的管理正好有利于我戒掉网瘾。虽然有时候他也很想走出校门去网吧，但是他克制着自己，甚至告诉他的老师，说："如果我犯了网瘾，请老师阻挠我，千万别让我出校门。"
>
> 别小看这样一个决定，却起到了很大的作用。尽管他知道网瘾的危害，但是有时又情不自禁要去网吧，每当这时候，老师都及时阻止他。尽管他找出多种理由，老师回答他的只有一个字——不。
>
> 每当被阻止的时候，他心中也是不爽的，但是，

他不能不接受老师的命令，转身回去。因为是自己有言在先，要求老师这样做的。

这样，他整整煎熬了 2 年，度过了最难熬的日子，终于彻底戒除了网瘾，全力投入到学习中来，最后以优异的成绩考上了大学。

看到王舜召的这种做法，我们也对他很佩服。因为一般的网瘾少年，可能不仅不会让别人来看管自己，而且当有人阻挠自己去玩网游时，会十分抵触。

王舜召尽管做不到完全自觉戒除网瘾，但主动请老师来监督和执法，最终达到了理想的效果。

这一点，对有网瘾的青少年来说，的确有现实的价值：当你意识到网瘾的危害，却又无法控制时，你可请老师、家长、同学当你的"执法者"，严重的，甚至可以请专门的戒网瘾的机构来帮助自己戒除。

第三，以"逐步脱敏"的方式戒除网瘾。

这是借用有关心理学的手段，来逐步戒除网瘾。

比如生活中有这样的强迫症患者，他非常爱干净，常常要洗手。开始时可能不严重，到后来就越来越严重，甚至一天要洗几十次、上百次。

他自己也觉得是病态，但是光着急没有用，有时越想不洗越要去洗。

对这种症状，心理学家有一种方式，就是让他不要逼迫自己一次就回到正常状态，而是分阶段来处理：如原来一天要洗 60 次，那么从第一周治疗开始，就仅仅要求他每天只洗 50 次，再下周只洗 40 次……由此逐步递减下去。

这么一来，原来有这种强迫症的人，就没有那种剧烈对抗的焦虑了，这样就能一步步减少原来的强迫症状，患者就会逐步回到正常状态中来。

我们且看多次获得国际钢琴大赛冠军的小纯，在妈妈吴章鸿的引导下，是如何逐步解除网络游戏的依赖的：

> 吴章鸿是华中科技大学一名普通工人，她一个人辛辛苦苦把孩子带大，希望他认真学习，长大成才。孩子也很听话，一直认真学习。
>
> 但她没有料到的是，小纯偷偷爱上了网络游戏，而且一发不可收拾。
>
> 一天，吴章鸿上班前，叮嘱儿子在家好好练琴，儿子满口答应了。谁知吴章鸿刚走，儿子就去打游戏了。吴章鸿原本不知道，是同事告诉她在游戏厅看到了她儿子。
>
> 吴章鸿马上骑车去找儿子，在游戏厅，她看到了兴高采烈、全身心投入到游戏中的儿子。
>
> 看到这样的情景，吴章鸿很生气，恨不得立刻

冲进去把儿子拽出来，狠狠教训一顿，但她还是控制住了自己的情绪。

儿子回来后，吴章鸿问他去哪儿玩了，儿子回答说和同学到新华书店买书去了。看见他撒谎，妈妈只好告知他自己在网吧里看到一个跟他长得一模一样的孩子，看儿子还不想承认，吴章鸿又说出孩子穿的什么衣服，旁边站了什么样的同学。

听妈妈这样一说，儿子恼羞成怒，马上翻脸说："妈妈你跟踪我，不信任我。"

如果遇到其他母亲，可能一巴掌扇过去了。但吴章鸿是一个很有教育水平的母亲，还是不急不恼地告诉儿子：妈妈之所以去找他，是因为妈妈的同事看到他经常光顾游戏厅。妈妈很伤心，因为被自己最爱的人撒谎欺骗。

听妈妈这样一说，小纯就愧疚了，承认了自己的错误，同时也承认自己之所以去游戏厅，是因为班里的男同学在一起时，除了学习，谈论得最多的就是游戏，大家都想成为游戏高手，他也不想落后。

吴章鸿能够理解孩子的心态，但是她也要让孩子为自己的人生负责，于是她先向儿子表明了自己的态度：每个人都有自己的本职工作。作为一个学生，学习就是他的本职工作。不能够因为玩游戏本末倒置，丢了西瓜捡芝麻。

然后，吴章鸿给儿子提了一个合理化建议，让儿子自己考虑能不能接受：

星期一到星期五是大人上班、孩子上学的时间，要管住自己，认真学习，不去游戏厅。星期六上午是学钢琴的时间，也希望他好好学习。如果这些都完成得很好，那么星期六下午他可以光明正大地拿着妈妈给的钱，痛痛快快地去游戏厅玩游戏。

对于吴章鸿提出的建议，儿子答应了，并向妈妈保证会管住自己，不耽误学习。

真正了不起的是，他说到做到，先是只到与妈妈约定的时间才去网吧，到后来，他干脆不进网吧，全力以赴投身到音乐的学习中来。

因为他在这里，找到了最大的乐趣，终于成了知名钢琴家。

小纯的成功，除了他采取的这种方式，戒掉网瘾外，还给了我们另外一个启示。

除网络外，我们还应该培养和拥有更好的精神寄托，参与更多更健康的活动。

当我们能把注意力转移到那些事情和活动上的时候，就能更好地不受网瘾的制约，收获更好的人生。

九、如何对付毒品

> 1. 一沾毒品，就等于开启"自毁模式"
> 2. 不被"魔鬼的理由"拉下水
> 3. 战胜毒瘾的两大关键

1. 一沾毒品，就等于开启"自毁模式"

吸毒没有一点好处，全是坏处。

青少年绝对不能吸毒。为什么？用一句话来概括：只要你一沾上毒品，就等于开启"自毁模式"。

第一，吸毒会让你人不像人，鬼不像鬼。

这不单单是说吸毒对身体的影响，可以将一个健康的人变为极度病态，而且还体现在对人的行为的严重影响上。

且看《城市快报》的报道——《记者对话吸毒男子：17年毒品毁了青春》：

李伟健，年纪轻轻时就沾上了毒品。先是吸海洛因，再吸冰毒，发展到后来脑子不好使了，经常处于恍惚状态，并伴有幻觉。

他觉得家里各个角落都安装了摄像头监视自己；屋子里有人影不停地晃动；一只大手总是掀开他家的窗帘，偷看他。为了防备这"人"，李伟健从朋友处借来一把刀，握在手里准备随时"战斗"。

一天凌晨两点多钟，李伟健用刀顶住自己的心脏，他想试探是否有人真的监视自己。结果这时候手机响了，是朋友打来的。"你还是把刀还给我吧，放在你那里怕出事。"朋友说。

自己正在"测试"，恰好朋友来电话，这更让李伟健坚信家里有人在监视自己。"不行，不能让坏人打扰父母。"想到这里，李伟健在父母的卧室门口放了张床垫，自己抱着刀，当起了"门神"。

一天深夜，李伟健把年迈的父母叫醒："快起来，有坏人藏在床垫里。"将父母拽起后，李伟健持刀对准床垫一阵猛戳，棉絮、碎布，满屋子都是。望着父母惊恐的眼神，他还执着地说："你们看，这个人正在朝我们笑呢！"

后来，李伟健的病情越来越严重，发展到整天拿着刀子在屋子里"砍坏人"。"坏人"跑到邻居家，他就挨户敲门，到邻居家里查看，把邻居们都吓坏了。

这时，年迈的父母不得不亲自把儿子送进戒毒所。

看，这就是吸毒带来的症状！不真是"人不像人，鬼不像鬼"吗？

实际上，有的人吸毒后，其恶果比这个人的情况更可怕。对此，你敢去碰毒品吗？

第二，吸毒不仅会让人倾家荡产，还会让人走上犯罪道路。这样的新闻可谓比比皆是。

如《华西都市报》报道的《大学生吸毒耗尽百万家财　10年间7进戒毒所》、中国警察网报道的《吸毒男多次抢劫入狱　大义父亲送儿强制戒毒》等新闻，都充分说明了吸毒对青少年的危害，让人十分震撼。

青少年时期的时光是最美好的时光。在这样的时光里，假如就此开启了这样的"自毁模式"，不仅会将美好的前途葬送，甚至有可能连生命都葬送掉，这不是太可惜、对自己和家人太不负责了吗？

2. 不被"魔鬼的理由"拉下水

如果把毒品比作猛虎，那么它最容易下手的就是青少年；如果把毒品比作瘟疫，那么它最容易感染的也是青少年。

青少年之所以成为毒品的最大牺牲品，很重要的一个原因是青少年对毒品认识不清，有这样那样的一些理由，吸引他们走上吸毒的道路。

这些理由在当时看起来是那样充分，但当陷入被毒品折磨的命运后，他们就会明白：那都是"魔鬼的理由"。

第一，不要以为"吸毒是时尚、是气派"。

虚荣心强、讲排场、比阔气，这是青少年普遍存在的心理特征，这在价值观上本来就有问题，但是，有些青少年竟然还把吸毒当成了时尚、富有、气派的象征，这就不得不让人震撼了。

《13名少男少女集体吸毒》——这是来自《长沙晚报》的一篇报道：

> 某中学高中生肖斌（化名）在父母和邻居眼中，一直是个乖孩子。2005年10月17日，是肖斌16岁生日。肖斌提出要和自己的好友一起过生日，父母答应了。他们做梦也不会想到，儿子当天晚上竟与12名同学、好友一起吸了毒！
>
> 当晚，肖斌和他的10多名好友、同学齐聚一酒吧内。经过一番唱歌跳舞、喝酒嬉戏后，有人提出这种玩法太老土不刺激，要玩就玩时尚的，要买点K粉、摇头丸来助兴。
>
> 没想到，这一提议竟得到了大家的一致同意。13

名少年男女凑了数百元，从一名经常出没于酒吧的贩毒人员手中，买来了一些K粉和摇头丸。在酒精的刺激下，他们开始吸食……很快，少男少女们的目光开始迷离，身体开始扭曲，沉浸在疯狂之中。

不久，他们被市公安局治安支队侦查大队的民警带回了治安支队。经审讯得知，13人均为长沙市在校中学生或大学生，最小的才14岁，其中还有7名女学生。他们中的大多数此前曾多次吸毒。

事后，有家长无比心痛地问自己的孩子为何会染上毒品，孩子的回答竟是："又好玩又时尚，有什么大惊小怪的！"

实际上，有同样看法的青少年还真不少。如四川新闻网也曾报道"为朋友过生日南充一伙花季少年竟宾馆开房吸毒"：南充市公安破获一起青少年吸毒案，一伙十五六岁的少年正在吸食冰毒。原来他们也是给一名同伴庆祝生日。至于为何吸毒，他们不少人的看法，也是这样才过瘾、刺激，也才是真正的时尚。

在这种心理的促使下，许多青少年就错误地走进了吸毒大军。甚至，在现实生活中，少男少女们为了追求"时尚"而集体吸毒。

学生把吸毒当成时尚、气派有多种原因，其中有一种原因，是他们也受到了一些明星的影响。近年来，一些明星涉嫌吸毒被带走，也给这些孩子造成一种错觉，认为明星能吸，自然就是时尚。他们不重视这些明星吸毒之后，被抓获处理的教训，却片面地认为这就是时尚。

这样的认识误区，值得警醒。

第二，不要害怕"如果不吸毒，他们就会不理我"。

青少年阶段，是最在乎友情、恋情的阶段。有时在某个场合，有的人吸毒，邀请你吸。如果你和他们吸了，他们就瞧得起你，愿意和你一起玩。如果你不干，他们就排斥你。

这时候，假如你对自己的人生与生命负责，就该果断拒绝。如果你妥协顺从，从此就可能踏上"不归路"。

《海南日报》曾以《染上毒品那天幸福戛然而止》为标题，报道了一个"把8年青春全葬送在毒品中"的故事。

　　　　故事的主人公叫作刘枫（化名），他的噩梦发生在自己18岁生日那一天，那天朋友邀他出去庆祝一番。由于邀请他的是自己一直爱慕的女孩，刘枫喜出望外，非常爽快地答应了。

　　　　令刘枫没有想到的是，他心仪的这个女孩竟然是个"瘾君子"。

　　　　在KTV里，那位女孩当着刘枫的面与其他男生一起吸毒，还邀请刘枫也试一下。刘枫犹豫，女孩摆出一副生气的神情来。怎么能让自己心爱的人生气呢？刘枫只好乖乖妥协，吸下了自己人生的第一口毒品。

他不知道的是，他从此跌进了一个无底的深渊，渐渐地把吸毒当成"乐趣"，最开始只是跟朋友聚会时才顺便吸一吸，后来自己也开始主动买毒品来吸。到后来，不仅管家里要钱还偷钱，为了得到钱，甚至将姐姐的店砸了。

他吸毒让亲人十分痛苦。为了劝他，母亲曾经跪在他面前，他也发誓坚决不吸毒了，有时为了表决心还去撞墙，但过段时期还会复吸，直到有一天出现生命危险，昏迷过去，被送到医院急救。醒来时，他看到的是母亲绝望而伤心的眼神。

很明显，刘枫这样的少年，之所以吸毒，是因为深深地陷入了朋友"拉自己下水"的陷阱。他们吸，你也得吸，不然，你就不被接受，你就得被他或她等"驱离"，面对这样的压力，一些孩子就是这样走入了吸毒的歧途。

但是，为了这样的友情或恋情，将自己的身体与人生葬送，给亲人带来这样多的伤害，值得吗？

那么，遇到这种情况，该怎么办呢？

有关专家提供了如下几个"小锦囊"：

（1）直截了当法：当朋友怂恿你吸毒时，你可以直接回绝他："吸毒害人害己，我坚决不吸。"你也可以以某人（自己颇为在意的人）的不悦为理由拒绝；当朋友以"不讲义气""不重感情"之类的言语刺激你，千方百计让你吸毒的时候，千万不要上当，马上离开他们，这样害人的朋友不值得交。

（2）金蝉脱壳法：若情况不允许，或者是你受到威逼利诱，你可以找个借口离开。你可以说肚子痛，要去厕所；也可以说现在有很急的事情要赶着去办，你的朋友就在不远处等你；或者说自己最近身体不适，医生叮嘱过不能在生病期间乱用药，等等。

（3）他物代替法：朋友拿出毒品给你，而正好你的身边恰巧有食物，你可以以之取代毒品回请对方，说"不如吃这个吧，这个便宜而且对身体好"。此外，你也可以马上提出其他建议，例如一起去健身、看电影等，借以转换话题，比如说："我有两张票，不如一起去看电影吧。"

（4）一刀两断法：对那些可能让你吸毒或再次吸毒的人，一定要一刀两断。与他们在一起，只会互相拉着在泥潭中不能自拔。

（5）秘密报案法：如果实在无法脱身，就趁人不注意，偷偷拨通家长、老师、好朋友的电话，或者直接拨打报警号码，告知警察有关情况。

第三，不要以为"试一试，没事的"。

"和香烟差不多，随时可以吸，随时可以戒。"

"我的自制力很强，吸一次无所谓，我完全可以戒掉。"

"吸一次不会上瘾，能整死人啊？"

面对毒品，有的孩子可能有这样的想法。我要告诉你，如有，请及时抛弃幻想，因为这会导致你走进吸毒误区。

我在广东某市讲课时，一位老师讲了一个让他很心痛的案例：

> 张同学才 15 岁，学习认真，成绩也不错。与此同时，他性格也很开朗，在校内校外都结交了不少朋友。

> 他喜欢打桌球。有一次，在打完桌球后，一位"桌友"向他介绍了一位从省城来的朋友小袁。打完球休息的时候，小袁掏出一包很特别的香烟给大家吸。

> 别的朋友都开始吸了，张同学因为从不吸烟，没有接。小袁便告诉他这是好东西，不仅可提神，而且在吸了之后想什么就来什么。

> 张同学并不笨，看小袁那个神秘的样子，感觉可能是毒品，他提出自己的疑问，表现得并不怎么乐意。小袁也不说是不是毒品，只是再三劝说、鼓励他尝一下。张同学不好意思拒绝，心想：只听别人

说过毒品，却从来不知道怎么回事。仅仅试一试应该没有什么问题吧？于是，就尝了一口。

结果这一尝，他就尝出味道了，之后就要吸两口三口。到后来竟然上瘾了，常常沉浸在飘飘欲仙的感觉中。后来，他便陷入了不吸毒就无法活下去的状态中。为了弄钱吸毒，他的成绩急剧下降，开始骗钱。不仅骗父母还骗亲戚、邻居和同学，甚至骗了对他一直很关心的数学老师，到最后竟然发展到持刀抢劫……最终张同学被抓了起来。

值得格外提醒的是，抱着这种"试一试"的心态去吸毒的青少年可不是少数。新华出版社出版的《中国吸毒调查》显示，在一次全国性的关于毒品的问卷调查中，问到"如果有机会，你愿意尝试一下毒品吗？"得出的调查结果令人震惊，有80%的孩子表示"愿意试一试"。"新奇、好玩、时髦，就是想试一下"竟然成了他们想吸食毒品的主要理由。

千万不要低估毒品对人的诱惑力，这"试一试"其实是十分恐怖的。不要以为自己自制力够强，"试一试"后可以凭借自己的意志戒掉，等吸了"第一口"，才会发现原来上瘾是这么容易，而戒毒又是那样困难。

第四，不要以为"这是解脱的良药"。

青少年时期是人生的黄金阶段，也是人生的"危险阶段"，这个阶段的孩子，无论在生理上还是心理上都不成熟，一旦遭遇生活的困难、人际关系的失败、升学就业受挫，就会灰心丧气、烦躁。这时候，有的孩子竟然还会把吸毒作为"解脱的良药"。

《新民晚报》刊载了这样一个故事：

> 谁也不会想到，刚刚17岁的阿珍，"毒龄"竟已有2年多了。
>
> 阿珍说，是她那个畸形的家将她逼上了这条路，为了寻求解脱，她才借"药"消愁，结果愁没消去，却把自己"吸"进了戒毒所。
>
> 阿珍13个月大时父母便离异了，她被判随生母生活，后来母亲再嫁时继父嫌她累赘，便把她送给了一对结婚多年未曾生育的夫妇。
>
> 7岁时，养母生下了弟弟，她又成了"累赘"和"保姆"，每天，她必须"承包"家里的一切杂务。为此，阿珍不止一次在夜里偷偷哭泣。
>
> 小学毕业后，她跟着在歌舞厅认识的朋友们离开了家。有一天，她见几个朋友躲在一个隐蔽角落里抽烟，仔细一看，发现他们的抽法很奇特，于是她凑了上去，学着他们的样子狠命吸了一口。她称，那一刻她感觉到的是一种前所未有的"解脱"。

之后，阿珍彻底染上了毒瘾，最后她不得不进戒毒所强制戒毒。

其实，类似阿珍这种因为各种挫折、委屈、压力，而走上吸毒道路的青少年并不少。另一种情况是面对大大小小的考试，一些青少年竟把毒品误解为"良药"，错误地用毒品来健脑提神。我曾在网上看到一则报道，粤东某市38名学生因相信毒品可以提高记忆力这一谬论而纷纷吸毒，最终有些学生不得不进戒毒所。可见，错误的观点害人不浅。

显然，企图用毒品来帮人从困难和痛苦中解脱，是大错特错的。求助于毒品不但解决不了问题，还会将你引上邪路甚至绝路。

其实，类似这种"魔鬼的理由"还有一些。请你务必保持警惕，不要被任何这样那样的理由拉下水。

3. 战胜毒瘾的两大关键

对毒品，最好是不碰、不接触。但是，万一吸毒了，有没有可能戒除呢？

答案是：十分艰难，但也不是不可能。

那么，如何在毒魔的魔爪下解救自己呢？

方法当然有很多，包括隔离治疗、药品医治等，但是这些外在的治疗能起到一时的作用，一旦不治疗了，一些人又会忍不住再吸毒。

为此，更需要的是人的自觉性与意志力。

下面是戒毒成功最重要的两点：

第一，与其说是战胜毒品，不如说是战胜自己。

《海南日报》曾经报道过一位有8年吸毒史的学生如何戒毒成功，成为健身教练的故事：

他叫马军，海南省澄迈县人。上初二时，他看到大人们吸毒很快活，像过着神仙般的日子，而且也显得很有身份，于是，也跟着吸上了毒。

之后，他的毒瘾越来越大，一发不可收拾，从最初的吸毒，到后来发展到静脉注射。毒品开销很大，最开始是从家里拿钱，到后来是偷钱或偷东西换钱吸毒。"家里凡是值钱的东西都卖光了。"马军败尽了父母打拼积攒下来的百万家产。后来。他被父亲送到了澄迈戒毒所进行强制戒毒。

但进戒毒所后，他依旧很难抵挡毒品的诱惑，一旦停止吸毒，就感觉到"浑身骨头酸痒，像有千万只蚂蚁在身上爬咬。四肢无力、打哈欠、流鼻涕、走路东倒西歪"。为了得到毒品，身处戒毒所的马军试图逃脱，他三次从三层高的楼上跳下去，但未能成功。

后来他又被送到广州一家戒毒所。他理智上已经知道毒品对自己的危害，但还是情不自禁地想吸毒。后来，他想用自杀来逃离毒品的诱惑。一次趁人不注意，马军将铁丝一节节吞入肚子，后被人发现，大难不死。

经过一段时间，他出了戒毒所，一出来除了满足毒瘾外，还为了得到毒资，带领一帮"吸毒仔"，到处敲诈勒索。于是，他要么就被送到戒毒所，要么就被送进劳教所。在这期间，家庭的悲剧接踵而来。马军的父亲因病去世，他还在劳教所，无法为父亲送终。而他的身体，已经是瘦得皮包骨头，俨然一个饿鬼。

事实让他对毒品的危害有了越来越深的认识，在劳教所干警的引导下，他终于下了最大的决心：一定要与毒品一刀两断，创造全新的人生。

那么，他是怎么做到的呢？

戒毒最重要的是与心魔较量。马军决定先从戒烟开始。对从小学就抽烟的马军来说，戒烟同样不易，但他硬是咬牙戒掉了。

信心来源于成功，戒烟成功给了马军极大的鼓励。"天生我材必有用，我要用辛勤的汗水来洗刷身上的污垢。"马军开始有意识地磨炼自己的意志。

以前晚上从不刷牙，改成天天刷，以前不是每天洗澡，改成每天必洗，这一切都是为了锻炼毅力。

马军开始拼命地劳动，开始练俯卧撑、单双杠，开始练钢笔字，并开始向管理员借书学习。吸毒摧残了他的身体，他开始从身体素质、意志力上强健自己、修正自己。

后来，他结束了3年的劳动教养，想开始全新的人生，他报名参加海南大学的成人高考，竟然考上了海大经管学院的电子商务专业。

由于长期进行俯卧撑、单双杠锻炼，马军身上的肌肉练得绷紧发亮。在海大，马军参加了学校健身俱乐部，并很快迷上健美，进步神速。后来，马军参加海南省健美比赛，出人意料地夺得了60公斤级第二名。之后，马军担任了海大健身健美俱乐部教练，有时还在海口几家健身俱乐部担任兼职教练。

马军从"吸毒仔"到大学生和健身教练的转变过程，告诉大家：

戒毒的确十分艰难，但是不要自暴自弃，只要努力，毒品是可以戒掉的，"废人"也能变得有尊严、有价值。

那么，他的经历有哪几点值得大家借鉴呢？

（1）生理上的毒瘾难戒，主要来自心理上对毒品的依赖。所以戒毒与其说是与毒品做斗争，不如说是与自己做斗争。

（2）这种做斗争的过程，可以从容易做到的地方开始。如马军戒毒，首先不是从毒品本身开始，而是从戒烟和坚持刷牙、洗澡开始。

（3）有了进步就能树立信心、拓展战果。他在上述生活习惯的改造上成功后，就开始做运动，进行与自身做斗争的健身训练。

这样处处向自己挑战，积极的因素就驱除了消极的因素，就更能促使戒毒成功。

第二，放弃是唯一的失败。

为了了解全世界的戒毒经验，我曾经专门去采访过新加坡有名的民间戒毒机构"突破之家"。

这家机构的创始人名叫梁西门。在青年时期，他是一个酷爱音乐的歌手，我看过他当初的照片，拿着吉他，长发披肩，极其有"型"。如果出现在学生中，可能会立即成为许多孩子追捧的"明星"。

但是，正处于青春焕发的年龄，事业也正在腾飞的他，却被人"拉下水"，迷上了毒品，从此走上了"自毁"的道路，身体变坏，身无分文，爱情、名望全都离他远去。

事实使他突然明白：要不此生彻底完蛋，要不彻底戒毒！为此，他下了最大的决心与毒品做斗争。戒毒是一个十分痛苦而且十分漫长的过程，他也陷入了"戒毒——吸毒——戒毒——复吸"的循环中。

但是，不管有多少次摇摆，他还是对自己说：我一定要战胜毒瘾，绝对不可以放弃！为此，他甚至采取了一些极端的手段，如毒瘾快发作前，他让朋友用小船把他带到大海的中央，用一个笼子把他浸到大海之中。他穿了救生衣保护自己，然后让朋友把小船划开，留他自己一人在海中央。

毒瘾发作时，他大叫、大哭，在热带的太阳底下暴晒，在倾盆大雨中哭号。但不管他显得如何痛苦和绝望，在他毒瘾发作的阶段，朋友绝对不会把船开到他面前。

这样的坚持，终于达到了理想的效果：终于有一天，他彻底戒除了毒瘾。

戒毒成功的他，下决心帮助更多沉迷在毒品中的人戒毒，于是他成立了以戒毒为主要目的的"突破之家"。

我在"突破之家"参观，亲眼见证了一个个因为下决心戒毒而戒毒成功的青少年，他们有的在画画，有的在做维修，有的在歌唱。当我问到这些当初吸毒的孩子，为何能戒毒成功时，他们都不约而同地指向墙上的一行字：

"放弃是唯一的失败！"

是啊，只要不放弃，只要下决心向自己挑战到底，谁都有可能像梁西门这样戒毒成功！

十、如何热爱生命避免自杀

> 1. 不要"把问题看得太复杂，把后果看得太简单"
> 2. 不要急、慢一点
> 3. 提高抗压能力，挫折不是世界末日

在这个世界上，生命是最美好的。热爱生命，珍惜生命，是我们每个青少年最需要学习的功课之一。

但遗憾的是，据报道，自杀已经成为中国青少年头号死因。而他们之所以自杀，往往与他们面对挫折和困境时，不能很好地处理有很大关系。

那么，我们该如何避免自杀呢？

1. 不要"把问题看得太复杂，把后果看得太简单"

我曾经应邀在电视台做过一期有关"生命教育"的节目，与我同做这期节目的还有另外一位嘉宾——叫小玲（化名）的15 岁女孩。

这位有着非常灿烂笑容的女孩，却只能整日和轮椅为伴。怎么会这样呢？

　　从小到大，小玲一直是品学兼优的好学生。一天，因为她一句无心的话，引起了老师的误解，生气之余，老师要求小玲第二天叫父母到学校来一趟。

　　小玲一听，顿时感到天都塌下来了，因为以前父母到学校，都是因为她的优异成绩和出色表现，而这一次却恰恰相反。她怎么也无法接受这样的现实！

　　小玲闷闷不乐地回到家，内心一直在挣扎，却始终没有勇气对父母说出来。粗心的父母虽然感觉她有点不对劲，但觉得小孩子嘛，闹点脾气也正常，过一两天就好了，所以也没多问。

　　直到深夜，备受煎熬的小玲还在床上辗转反侧。思来想去，为了不给父母"丢脸"，她最终做出了一个让人意想不到的举动：凌晨1点的时候，她推开窗户从8楼跳了下去。

　　她没有摔死，因为坠落中被什么东西挡了一下，而底下又正好是一片草坪。虽然命保住了，她却不得不在痛苦中挣扎了好几个小时，直到第二天早上，有一个老人起来锻炼身体，发现她，才赶紧告知她父母。

她被快速送往医院。经过医生奋力抢救，终于把她的生命保住了，但是她的双腿却再也站不起来了。

残疾后的小玲，经历了巨大的痛苦，后来在父母的鼓励和自己的努力下，才重新鼓起了对生活的热爱和信心。她开通了一条热线，帮助更多的青少年，以更勇敢和更理性的方式，面对挫折、热爱生命。

小玲的命运很是牵动我的心，在这期节目做完后不久，我与电视台的记者一同去了她家，并一起看了她当初跳楼的地方。我开始想象当初的那个晚上，她站在窗户边上，觉得世界末日到来的心情。

我忍不住问了她一个问题："你现在怎样反思当初做的那样一个决定，从中得到的最大教训是什么？"

她沉吟了片刻，眼角含着泪花说："不要把问题看得太严重，把结果看得太简单。"

那一瞬间，我的心灵也受到了深深的震撼，这两句用她的鲜血和健康换来的话，其实给许多遇到问题的青少年以极大的教训：

第一，不要把问题看得太复杂。

其实，某些当时看得"天大"的问题，时过境迁之后，会觉得是没有什么了不起的小问题。只是因为自己的人生经验、见识太少，也缺乏主动去求助于人的意识，自己把问题放大了。

就像当时小玲遇到的这种情况，首先，不过是一场误会，可能老师真的理解错了，通过积极的解释，也许就可以消除这个误会。同时，让爸爸妈妈去学校，也不一定是自己表现好才能去。

不要认为只是因为有误会，爸爸妈妈可以帮助自己。哪怕是自己犯罪了，要爸爸妈妈去面对，那也不是世界末日。一些孩子真的犯罪了，他们的爸爸妈妈还不是接受并依然帮助自己的孩子吗？自己怎么就这么怕给爸爸妈妈"丢脸"呢？

当你不把问题看得那样复杂时，反倒更能解决问题。

第二，不要把后果看得太简单。

在做出自杀决定的那一瞬间，考虑的结果的确是简单的：一死了之，一了百了。

但是后果的严重性，可能远远超出自杀者的意料。

就拿小玲来说，她没有想到的是：自己并没有死掉，却在血泊中痛苦地挣扎了好几个小时。她更没有想到的是：本想不让父母丢脸，但之后全家的生活都改变了：

有整整2年的时间，爸爸妈妈都把工作辞掉了，就为照顾她。后来，爸爸去上班了，妈妈却从此再也不上班了。而且，小玲所花的医药费掏空了这个家庭所有的积蓄，还让父母背上了一身债。

这比起让爸爸妈妈去学校"丢脸"，哪种方式给家庭带来的损害更大呢？

还是把问题想得简单点，把结果想得严重些，那样更加好吧！

2. 不要急、慢一点

自杀是一件很急迫的事情吗？对一些自杀的孩子而言，的确是这样。

但是，这种情急之下采取的自杀举动，是不是真的如他们当初感受的那样合理呢？

第一，慢一点，不要让一切无可挽回。

发生在几年前的一桩自杀案，让我至今对那位自杀的孩子痛惜不已。

那年夏天，我回老家度假。突然在省报网站上，看到一则新闻：一个可怜的中专毕业生，因为多年的付出与压力，以及父亲的一句话，而立即自杀。

那是一个十分可爱的女孩，为了帮助妹妹上学，照顾残疾的父亲，她付出了能付出的一切。但她都默默忍受着。

那年冬天，有人送了他们家一块腊肉，但他们还舍不得吃，就一直挂着。不想天气变热以后，腊肉有的部分就臭了。丢掉又可惜，于是，她把已经变味的一部分，切下来给猫吃了。

不料，这一小小的举动，让爸爸很不满意，爸爸怪她不会持家做事，最后说了这么一句话："难怪你只能考上一个中专。"

这句话让她伤心无比，她立即去喝了剧毒农药而倒下了。

当我看到这则新闻时，她还在医院抢救。考虑到她家里的这种经济情况，我的儿子还赶紧到医院给他们送钱治疗。但是，回天无力，最终她还是去世了。

谈到这个去世的女孩时，医生也十分难过，并且透露了这样一个信息：不少人服毒自杀，都是喝剧毒农药。而喝了这种农药，基本就无法救治。

医生伤感地说："年纪轻轻的孩子，为何要采取这样极端的方式，这么快地结束自己的生命呢？如果不是喝这种农药，可能也不至于无法抢救呀。"

应该说，这个女学生是十分让人同情的，自己默默地为家里付出了这么多，忍了就忍了，受苦就受苦了，她的爸爸怎么能说这种让人伤心的话呢？

可是，因为这样的委屈，就值得这么快、以这么决绝的方式去告别这个世界吗？

我没有见到那个女孩，但是，我真想对她说：

孩子，人生有时真不是自己想象的那样舒坦，有时候，吃一些苦，受一些委屈，都是躲不开的。但是，这些躲不开的东西，并不是导致你看淡这个世界、抛弃这个世界的理由。

你有没有想过，假如你再熬一天，让你受伤害和委屈的爸爸会不会为他对你说的话而表示歉意？假如你能走出来，是否会遇到帮助你的人呢？

当然，我更想与她交流的是：

人生的路还很长，只要你愿意付出努力，在痛苦中保持对生活的热爱与向往，总有一天，你的生活也会因此而阳光灿烂！

不要那么急着自杀，以免一切无可挽回！

第二，慢一点，你会重新找到生活的希望。

在北京港澳中心，我的朋友谢先生向我讲述了他小时候差点自杀的经历：

谢先生出生在长江边上的一个小村庄里，小时候家里很穷。他看到家里许久都没有吃到一点肉了，便想帮助家人改善一下伙食。放学后，他便带着弟弟妹妹，到一个小水塘去抓鱼。

父母回来见不到他们，吓坏了，后来终于找到了他们，气坏了，便要对作为哥哥的他进行严厉的惩罚：罚他不准睡房里，将他关到门外去。

门外又饥又冷，他十分难受，又有一肚子的委屈：我又没做坏事，仅仅是想帮家里改善一下伙食，你们就对我这样！他怎么也想不通，于是决定自杀。

他走到一口大水塘边，二话不说就往水塘中间走。满脑子都在想象父母发现自己死去之后，是如何后悔伤心的。他一步一步往水塘中间走，死亡离他越来越近。

但就在他渐渐往中间走的过程中，一些微妙的感觉出现了：首先是夜已深，水的冷与风的冷，使他感觉有点承受不住，再就是池塘周围的一些景象——树影、虫声……也开始分散他的注意力，还有那些白日游玩的景象，都一一在脑中浮现。不知不觉间，他停止了脚步。最后，发现当初想自杀的念头已无影无踪。

事过多年，谢先生已是一位很成功的企业家。谈到当初的这一凶险的经历时，他仍心有余悸，说："如果我采取那种诸如喝农药的极端方式自杀，很可能你现在也不会看到眼前的我了。"

从他以及不少曾经想自杀却没有能成功自杀的人那里，我们可以得出一个最简单的做法：

当你只想自杀的时候，请别急，可以慢一点。

因为，只要你稍微耐心一点，过不久，也许你就能看到生活的新希望啊！

3. 提高抗压能力，挫折不是世界末日

前面分析了不少自杀案例，都是因为这些孩子遭遇了这样那样的挫折，感到无法应对，最后选择了这一条道路。

但是，挫折却是人生成长的必要经历，善待挫折，就是善待成长。

第一，懂得受挫和犯错都不是世界末日。

人的成长的过程，实际上是不断与挫折相遇、从挫折中站起的过程。同时，谁也不是神，都有可能走点弯路和犯点错误。出现这些问题的时候，不管事情有多严重，也要学会对自己说：

这不是世界末日，不值得为此放弃生命。

澎湃新闻曾报道：费县某中学高一年级学生王某某从女生公寓楼跳楼身亡。

为什么会发生这样的悲剧呢？

学校组织高一年级期中考试。王某某在数学考试中被监考教师发现作弊。

当天下午，学校高一年级组通报了在数学和化学两场考试中，有31名学生违反考试规定的情况，

其中也包括王某某。之后根据该校高中一年级《关于期中考试的有关要求》，王某某的个人数学考试成绩被扣掉 30 分，其所在班级也被扣掉量化分 2 分。

这件事，给了王某某很大的心理冲击。晚上，同宿舍 3 位室友发现王某某情绪不稳定，轮流安抚，但是，并没有及时向老师反映情况。

没有想到，凌晨 6 时左右，王某某从女生公寓楼跳楼身亡。

这个学生的自杀，的确从一定角度反映了学校在学生安全管理和心理辅导方面存在的不足，需要加强这方面的工作。我们在对这个学生表示哀悼的同时，也不得不指出这位同学有的一些缺点：

有错误并受到类似处理的，并不只是这位同学啊，为什么就偏偏只有她去自杀呢？这可能与她有重重的心结有关。

是的，作弊了，是不光彩的事情。被处分了，更是人生道路上一个不小的挫折。但是，仅仅因为两点就放弃生命，是不是太草率了？

这个案例是因为学生有错误受到惩罚导致，与受到欺负无法申诉，或者遇到某些压力觉得无法化解的案例不太一样。这种因为自己犯错误而受到惩罚就扛不住的孩子，将来到了社会上，可能更难自立了。

所以，从中小学开始，大家就要养成善待挫折的习惯，学会打开心结，以更勇敢和更健康的姿态去面对人生。

第二，上帝关上一扇窗，也许会打开更大的一扇门。

上述种种，其实都是说要如何面对挫折的问题。这是当今青少年发展的一个重要问题。尤其在当代，许多孩子都是独生子女，抗挫折能力较差，甚至有人把这些孩子称为"草莓族"。

什么是"草莓族"？就是表面看起来光鲜，但实际上不抗压，经受挫折的能力较弱的一个群体。

青少年因为遭遇挫折而自杀，也不只是因为上述这些原因。我们要培养自己的抗挫折能力，同时，要把挫折当作人生必上的一堂课去好好学习。

其实，对一个优秀的人而言。挫折是成长的契机。挫折也不是只有坏处。失落、失败、失恋、失业……诸如此类的挫折，对弱者而言是绊脚石，对强者而言却是成功的奠基石。

在这方面，享誉全世界的居里夫人，给我们提供了好榜样。

她与居里结婚之前，曾经有过一次不成功的恋爱经历。

那是在她初中毕业之后，她非常希望能到巴黎去上大学，但是苦于没有钱，只好到一个庄园主家里当家庭教师。庄园主的大儿子卡西密尔爱上了她，她也爱上了他。当她刚19岁时，她就准备与他结婚了。

但是，卡西密尔的父母却对这事百般阻挠。他们认为她与自己家的经济地位不相匹配。所以，他们千方百计阻挠。更没想到的是，卡西密尔对父母完全屈从，表现得毫无主见、犹豫不决。当她最后一次与他长谈时，他仍然是那样软弱和恐惧。

苦爱换来的是这样的结局，对一个 19 岁的姑娘来说，是沉重的打击。最后在得知无法与卡西密尔结婚时，她的确也有"一切都完了"的感觉，痛不欲生，差点走上绝路。

但是，她最终从痛苦中站起来，毅然离开了这个家庭，下决心走自己的路。她动身去了巴黎求学。

后来，她幸运地与居里结合了。两人一同努力获得了诺贝尔奖。

居里夫人的故事，说明了一个道理：

上帝为你关上了一扇窗，但可能会给你打开更大的一扇门！

不管经受了怎样的挫折，只要你还活着，就可能重新开始。

人生是美好的，可偏偏有些人还没来得及感受生命的美好，就自己匆匆扼杀了它，实在是太遗憾了。

是的，青春是人生道路中最纯美的一段，是一路追梦与圆梦的过程。不要让种种挫折成为葬送生命的因素，而要用积极的态度，让它帮助你开出绚丽的花朵。